松原実穂子
MATSUBARA Mihoko

ウクライナのサイバー戦争

1007

新潮社

はじめに

ロシアとウクライナ間のサイバー攻防戦は、日本のサイバーセキュリティと重要インフラ防御のあり方、国内外の官民連携、情報発信などに関して学ぶべきことが非常に多い。

他のサイバーセキュリティの専門家と同様、筆者も、軍事侵攻開始直後にウクライナがロシアからのサイバー攻撃で広範囲に及ぶ被害を受け、通信やエネルギー、電力などの重要インフラのサービスが停止するものと思い込んでいた。ロシアのウクライナへのサイバー攻撃によって、それまでに停電などの大規模な被害が発生してきた経緯があったからである。

だが、その予想は完全に外れた。二〇二二年二月二十四日の軍事侵攻の直前から、ロシアは、ウクライナに対してあの手この手で業務妨害型サイバー攻撃を繰り出してきた。にもかかわらず、軍事侵攻から一年以上経った今でも、ウクライナのサイバー防衛は驚異的な粘り強さを見せ、ロシアの苛烈なサイバー攻撃に耐え抜いている。

英国家サイバーセキュリティセンター（NCSC）のリンディ・キャメロン長官は、二〇二二年九月末の英大手シンクタンク、英王立国際問題研究所（チャタムハウス）での基調講演でこう述べた。「私にとってこの軍事侵攻から得られる最も重要な教訓は、いろいろな意味でロシアの攻撃ではない。ロシアの攻撃はかなり大規模で、多くの場合、非常に高度だ。しかし教訓は、ロシアが成功していないことである」。

このように、リアル世界とサイバー空間におけるロシアの容赦ない攻撃の嵐の中でも、人々の生活を支え、経済を回し、国土を守るために静かなる戦いを続けているのが、ウクライナの重要インフラ企業の社員たちだ。激戦地に残り、競合他社同士でも復旧を助け合っている。

だが、占領地域では重要インフラ施設がロシア軍に乗っ取られ、内部ネットワークからサイバー攻撃が行われた例もある。占領地域の通信事業者の社員たちは、暴力による脅迫も受けながら、通信をクリミア経由に切り替えさせられた。現在、重要インフラ企業でサイバーセキュリティに携わっている筆者は、そうしたニュースを読む度に、胸が締め付けられるような思いに駆られる。

それでも尚、驚嘆すべきことにウクライナは、少なくともサイバーセキュリティ分野においては一方的な支援の受け手に甘んじていない。第六章で紹介するが、ウクライナの政府高官や重要インフラ企業幹部たちは、身の危険を冒し、片道二日かけてでも、世界の主要国際会議や意見交換の場に足を運ぶ。自らの声で直接、ウクライナが得たサイバーセキュリティ上の教訓を世界に届け、世界の防御態勢強化に貢献しようとの姿勢を貫いている。

ウクライナで続く戦争とサイバー攻撃は、二つの理由から日本にも無関係ではない。第一に、ウクライナを支援している日本に対し、二〇二二年九月、親ロシア派のハッカー集団「キルネット」による報復のサイバー攻撃があったことだ。ウクライナを支援する日本は、ロシアにとっては「敵」なのだ。

第二に、中国がこのウクライナ情勢から教訓を学んでいると米国政府関係者が幾度も指摘しているように、今後の台湾有事にその「学び」が適用される恐れがあることだ。たとえ日本を直接狙った業務妨害型のサイバー攻撃がなくても、サプライチェーンを通じてドミノ式に日本企業や国民生活へ被害が及ぶ可能性は十分ある。

だからこそ、二〇二二年十二月に閣議決定された国家安全保障戦略を含む防衛三文書には、強い危機感と共に「能動的サイバー防御」が盛り込まれたのだ。防衛省・自衛隊を含め官民が一丸となって、重要インフラの機能を停止させてしまうような大規模サイバー攻撃の被害を防ぐ決意が示された。

ロシアによるウクライナ侵略の開始から一年が経った頃、かつて防衛省に一時身を置いた経験を有し、現在は重要インフラ企業で働いている筆者は、そうした経験を有する者だからこそ見えてくるサイバー戦の攻防と背後の人間ドラマについて広く国民の皆様に知って頂きたいと思うようになった。その思いに駆られ、急遽（きゅうきょ）書き上げたのが本書である。継続中の戦争であるため、矛盾する報道もあるが、それは併記し、考えられる背景も付記するようにした。

第一章と第二章では、二〇二二年二月の軍事侵攻以前にウクライナがどのようなサイバーセキュリティ上の備えをしていたかを分析した。第一章はクリミア併合やその後数年間にロシアから仕掛けられた大規模なサイバー攻撃からの教訓、第二章は、軍事侵攻の可能性が濃厚になってきた二〇二一年秋から軍事侵攻直前までの動きを追っている。

第三章では、軍事侵攻前日以降のロシアからの主要な妨害型サイバー攻撃について触れた。二〇二二年六月、米サイバーコマンド司令官がロシアへのサイバー攻撃作戦を認める発言をしているが、その真意についても分析している。

第四章では、ウクライナの重要インフラ事業者が激戦地や占領地域において、如何なるサイバー攻撃や暴力と闘っているのかを綴った。サイバー戦を超えた分野であるものの、今後あり得る台湾・日本有事に備える上でも重要な情報と考える。

第五章では、ロシアの妨害型サイバー攻撃が予想に反してあまり成功を収められなかった理由と今後のサイバー戦の展望について記した。

第六章では、外国政府と大手ハイテク企業からのウクライナへのサイバーセキュリティ支援と、それだけの援助を引き出すことに成功したウクライナの優れた発信力について説明している。

第七章では、IT軍やキルネットなど、ウクライナ側とロシア側に分かれて「参戦」してきた主な国際ハッカー集団について概観した。数十もの国際ハッカー集団が戦争や紛争に関与したのは、前代未聞であり、それが何を意味しているのか、今後のサイバー戦に何を示唆しているのか分析した。

第八章では、日本ではあまり報じられていない戦争の新たな側面について論じている。例えば、米国では二〇二一年の秋から、政府と重要インフラ企業との間でロシアからのサイバー攻撃に備えた脅威インテリジェンスの共有が始まった。政府が民間企業に情報を一方的に提供させるのではなく、官民それぞれが強みを活かした情報の持ち寄りが進むようになっている。一方、戦争が長期化する中、ロシア議会が国益に沿ったサイバー攻撃を行う犯罪者を免責にする新法案を論議中である。

第九章と「おわりに」では、ウクライナ情勢を受けた台湾と日本の動き、防衛三文書に盛り込まれた能動的サイバー防衛が何故日本に必要なのかを含め、今後の日本のセキュリティ体制の在り方について考察した。

尚、文字数の制約上、本書ではサイバースパイ活動については割愛した。重要インフラの機能を停止させ、安全保障上の危機をもたらしかねない業務妨害型サイバー攻撃に主眼を置いて記述している。

ウクライナのサイバー戦争――目次

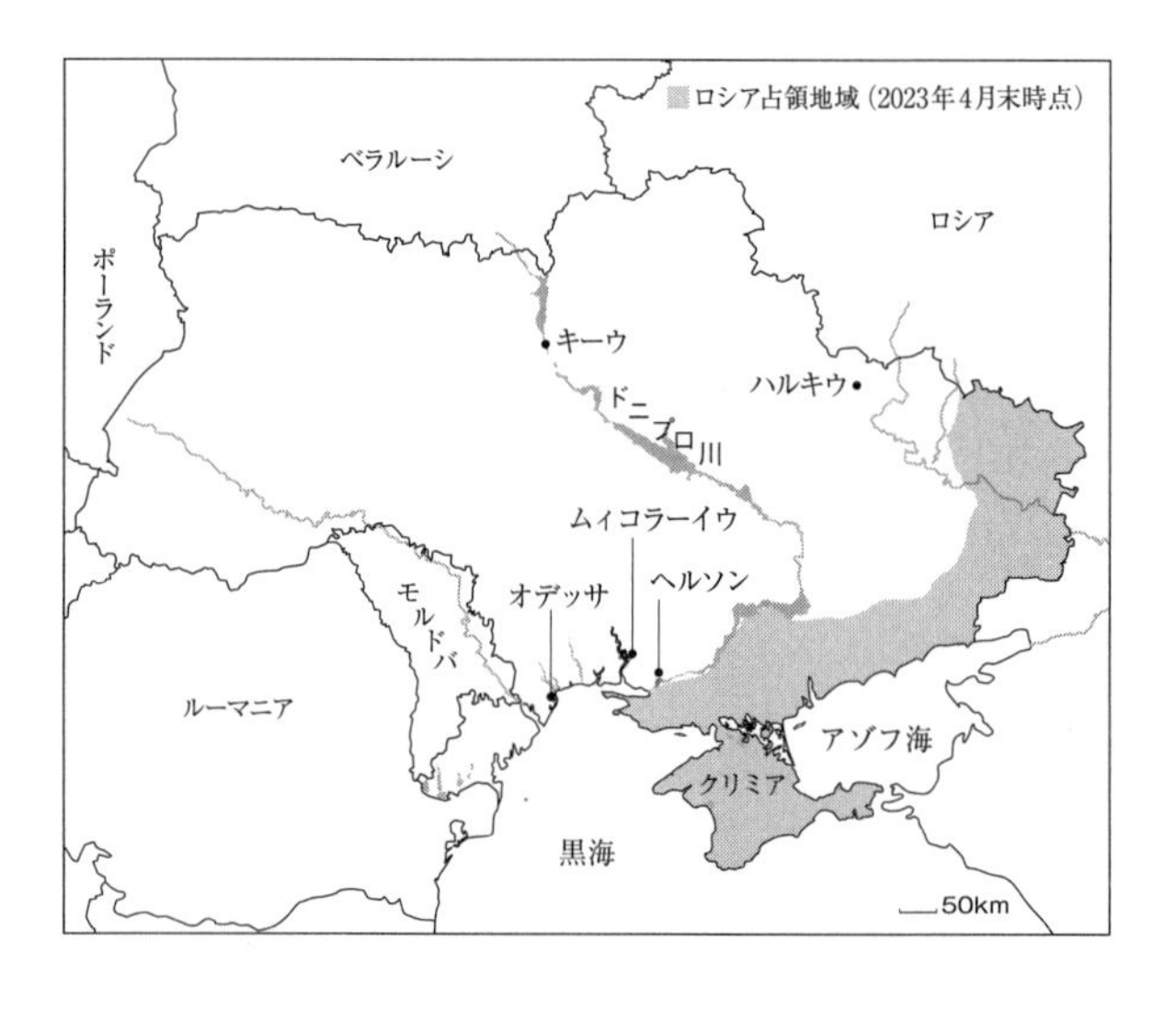
ロシア占領地域（2023年4月末時点）
ベラルーシ
ロシア
ポーランド
キーウ
ハルキウ
ドニプロ川
ムィコラーイウ
ヘルソン
オデッサ
モルドバ
ルーマニア
アゾフ海
クリミア
黒海
50km

第一章　「クリミア併合」から得た教訓

二〇一四年のクリミア併合で学んだ通信の重要性

クリミア併合はあっけなく終わった。二〇一四年二月二十三日、親ロシア派の住民がクリミア半島南端の都市セヴァストポリで集会を開き、ロシア系のアレクセイ・チャリーを「人民市長」として選出した。その四日後の二月二十七日、親ロシア派の武装した迷彩服の男たちがクリミア自治共和国の政府施設と議会を占拠し、ロシアの旗を議会の上にたなびかせたのである。

そして三週間後の三月十八日、ウラジミール・プーチン大統領は、クリミア半島で二日前に行われた住民投票でロシアへの編入に圧倒的な支持が示されたと主張、クリミア自治共和国とセヴァストポリ特別市の代表と編入のための条約を調印してしまった。当時、クリミアのロシア系の住民は全体の五八・五％を占めており、その大半がロシア編入に投票したものと見られる。

さて、このクリミア併合の間、ロシアはウクライナの重要インフラ、特に通信事業者へのサイバー攻撃と物理的な攻撃による通信妨害を徹底的に行った。ロシアは、二〇〇八年の南オセチア自治州を巡るジョージアとの戦争の教訓を活用したと言われる。火力、情報戦、サイバー攻撃を組み合わせたジョージアとの戦争を通じて、ロシアは、重要インフラへの先制攻撃と情報戦の重要性を学んでいた。

ウクライナ大手の通信事業者「ウクルテレコム」は、三月一日、クリミア半島の複数の事業所が身元不明の武装勢力に占拠され、光ファイバー回線数本に物理的なダメージが加えられたと明らかにした。その結果、クリミア半島とウクライナとを繋ぐ固定電話回線、携帯電話回線とインターネット回線が切断されてしまっている。

さらに、三月四日、ウクライナ保安庁のヴァレンティン・ナリヴァイチェンコ長官は、「ウクライナ議員の携帯電話へのＩＰ電話攻撃が二日間続いている」と記者会見で認めた。「クリミアのウクルテレコムには、あらゆる契約を無視した違法行為であるが、政治的立場にかかわらず私や部下たちの電話をブロックする機器が設置されてしまった」のだという。

この一連の通信への攻撃は、クリミアを世界から孤立させ、何が起きているか外部に通報できなくするためだった。とは言うものの、ロシアは、二つの理由から、ウクライナのインターネット全ての切断までは目指さなかったようだ。まず、当時のウクライナにはインターネット回線が六つあり、全てを切ってしまうのは至難の業であったからである。第二に、当時のウクライナ国民の多くは、ロシア版フェイスブック「フコンタクテ」などのロシアのソーシャルメディアや、ロシアのメールアドレスを使っていた。それ故、ロシア当局からウクライナへの盗聴は比較的容易にできたという事情もある。

また原因がサイバー攻撃であるかどうかは不明であるものの、ウクライナ内閣のウェブサイト「www.kmu.gov.ua」は二月末から三月一日にかけて、七十二時間近くダウンしてしまった。

さらに三月十三日には、八分間に及ぶDDoS攻撃（ディードス攻撃：多数の端末から過剰なアクセス要求を送りつけ、ウェブサイトやオンラインサービスのダウンを引き起こすサイバー攻撃）がロシアからウクライナに対して仕掛けられた。このサイバー攻撃を観測した米ＩＴ企業「アーバーネットワークス」によると、このDDoS攻撃は二〇〇八年のジョージア・ロシア間の戦争で検知されたものより、三十二倍も激しかったという。

さらに、ロシアは情報戦にも力を入れた。米シンクタンク「ランド研究所」によると、ロシアの情報戦には五つの特徴があった。第一に、同じメッセージを繰り返し拡散し、効果を長引かせようとした。第二に、ロシア系住民の抱いている恐怖心を掻き立てた。第三に、ロシア系住民に怒りを抱かせるように仕向けた。第四に、善玉と悪玉を分け、勧善懲悪の話に仕立て上げた。最後に、ロシア系の間で出回っている噂を裏付けるメッセージを流した。

米ワシントン・ポスト紙が入手したロシア連邦軍参謀本部情報総局(GRU)の機密報告書には、ヴィクトル・ヤヌコーヴィチ政権(二〇一〇年二月～二〇一四年二月)の終焉以降、ロシア軍による二月二十七日のクリミア議会占拠へ先鞭をつけるため、如何にしてウクライナや欧米の主要な意思決定者と一般市民に対して情報戦を行ったのかが描かれている。二十五の主要英語出版物やフェイスブック、フコンタクテに一般ウクライナ人を装って投稿し、親ロシア派の市民を焚きつけた。

ウクライナで当時最も人気のあったソーシャルメディアは、「フコンタクテ」と「アドナクラースニキ(同級生たち)」であったが、どちらもあろうことかロシアのサーバーにホストされていた。そのため、ロシア当局は、ウクライナの民主派の投稿をブロックできただけでなく、「いいね」を押した利用者の個人情報を運営者に提供させることもできたのである。GRUの報告書には、「ソーシャルメディアの利用者の圧倒的多数が、投稿した主張に同意し、応援している」とある。但し、実際にこの情報戦がどれほどの効果を上げたのかの評価は難しい。

さらに三月六日には、ロシアは、クリミア内のウクライナのテレビ番組の放送を中断させ、インターネット・サービスもダウンさせた。

ロシアの情報戦の矛先は、脆弱な通信体制を取っていたウクライナ軍にも向けられた。当時のウクライナ軍はあまり機能しておらず、戦闘能力があるのはせいぜい六千人くらいだったと推定されている。しかも、司令官クラスにはロシア語話者が多く、他のロシア語話者との戦いには後ろ向きであった。そのため、元々、有事の準備が整っているとは言い難い状態にあったのである。

さらにウクライナ軍の通信機器は老朽化している上、ロシア軍から恒常的に電子妨害を受けて非効率もしくは使えない状態となっており、兵士たちは個人の携帯電話を使って家族や司令官、兵士仲間たちと連絡を取っていた。さらに、地雷の敷設のためのマッピングや砲撃のターゲティングまで携帯を使っていたという。

ロシアはそこに付け込んだ。三月六日以降、クリミアの基地とウクライナ本土間の固定電話を妨害し、一部の地域では携帯電話の電波もおそらく洋上から妨害した。さらに基地に立てこもったウクライナ軍に圧力をかけるため、基地の電力を遮断したのである。二〇一六年四月五日、米陸軍能力統合センター長だったH・R・マクマスター陸軍中将は、米国上院軍事委員会空陸小委員会でクリミア併合時のロシアの能力について証言している。ロシアは、クリミア併合時に無人航空機、サイバー攻撃、高度な電子戦能力を組み合わせ、軍の近代化に向け努力した結果、高度な技術力を有していると指摘した。

わずか数週間にほぼ無血で成し遂げられたクリミア併合は、ウクライナに多くの苦い教訓を残した。後述するように、情報戦に負けないための通信インフラの分散化・抗堪化を進めていく大きなきっかけとなったのである。

二〇一五年十二月のロシアのサイバー攻撃による停電

電力は、人間が生きていくため、そしてビジネス活動を続けていくために必要不可欠な水や医療、金融、通信などのインフラサービスの提供に不可欠である。停電してしまえば、冬は凍死者が出かねない。サイバー攻撃でも電気の供給を止められると初めて証明されたのが、二〇一五年十二月の厳寒のウクライナでの停電事件である。事件が起きたウクライナ西部のイヴァーノ＝フランキーウシクの十二月の平均気温は、最高気温が摂氏三度、最低気温がマイナス四度だ。

停電の原因となったのは、外部の第三者による電力会社のコンピュータと制御システムへの侵入だった。十二月二十三日の十五時三十五分頃から三時間にわたって、三十カ所の変電所からの電力が不通となり、十八時五十六分に手作業でやっと電力が復旧した。

当初は停電被害を受けたのは、八万世帯・企業と見られていたが、その後の調査で、停電の被害を受けた顧客数は予想の三倍弱の二十二万五千に上った。三つの配電会社が三十分以内に次々に攻撃を受け、複数の停電が発生してしまった。

攻撃者たちは、まずウイルスを仕込んだ添付ファイルつきの標的型メールを電力会社に送りつけ、VPN接続（暗号化技術やユーザー認証を使い、特定の人だけがアクセスできる仮想的な専用回線）の認証情報を盗み出した。その情報を悪用し、電力会社のブレーカーなどの遠隔操作が可能となった。また、オンラインで公開されていた情報からこの電力会社で使われている制御システムに関する情報を集め、攻撃の方法を研究していた。

報道によると、電力会社の社内ネットワークでは、異常や脅威を常時監視するサイバーセキュリティ対策が取られていなかった。そのため、攻撃者は、ネットワークに長期間潜んで、攻撃対象の環境について情報収集し、継続的に攻撃を仕掛けることが可能になったようだ。さらに攻撃者たちは、なんとコンピュータウイルスを使って、サーバーやワークステーションからサイバー攻撃の証拠となるファイルを削除し、痕跡を消していた。復旧作業を遅らせるためだったと思われる。

その上、攻撃者たちは、専用のツールを用いて、電力会社のカスタマーセンターに数千件もの電話をかけ、停電になって困っている人々からの電話が繋がらないようにしていた。電力会社が停電範囲の把握をしにくくすることで、攻撃者たちは復旧を遅らせようとしていたのであろう。

米ニューヨーク・タイムズ紙記者のデービッド・サンガー著『世界の覇権が一気に変わる　サイバー完全兵器』によると、ウクライナの技術者たちはトラックに乗って一カ所ずつ変電所を回っては、スイッチを探し出して送電経路を切り替え、電力供給を再開していった。但し、コンピュータによる送電制御システムの復旧には、数カ月間を要した。

ウクライナ保安庁は、素早く反応した。複数のウクライナの電力会社のネットワーク内でロシアが埋め込んでいたウイルスを発見したと主張、ロシアの公安当局によるサイバー攻撃だったと事件のあった二〇一五年十二月に非難している。

米サイバーセキュリティ企業「アイサイト」も、その翌月、ロシアのハッカー集団「サンドワーム」によるサイバー攻撃だったとの分析を発表している。サンドワームとは、ロシア連邦軍参謀本部情報総局（GRU）系のハッカー集団だ。

さて、ウクライナのこの事件は、分かっている限り、民間の重要インフラへのサイバー攻撃によって停電が起きた初めての事例である。「民間人の生命の維持に関わるような重要インフラ施設の機能をサイバー攻撃で停止」可能な前例が作られ、攻撃者にとってパンドラの箱が開けられてしまった。国家間の関係が悪化していればなおさら、こうした攻撃を行う上でのハードルが下がってしまう。

ロシアによるウクライナ電力網へのサイバー攻撃には、二つの理由が考えられよう。まず、二〇一四年三月のロシアによるクリミア併合後、ロシア・ウクライナ間の関係は悪化していた。次に、二〇一五年十二月の停電の直前、ウクライナ寄りの活動家たちがクリミアへ電力を供給している変電所を複数箇所物理的に攻撃し、二百万人ものクリミア住民とロシアの海軍基地が停電被害に遭っている。そのため、二〇一六年三月三日付の米国のテクノロジー誌ワイアードによると、ウクライナの停電は、クリミアの変電所への攻撃に対する報復措置だとの見方もあるという。

二〇一六年十二月にも再び停電発生

停電は、その一年後にも再び発生している。ウクライナの国営電力会社「ウクルエネルゴ」のキーウ近郊のピヴニシュナ変電所で、ブレーカーを制御する遠隔端末装置が突然停止してしまい、二〇一六年十二月十七日の土曜日の二十三時五十三分から首都キーウで七十五分間停電が起きた。キーウ北部で暮らす十万人の人々が影響を受けている。

調査の結果、原因は、サイバー攻撃であると判明した。しかも半年前から情報収集のためのなりすましメールが政府機関に送られていたにもかかわらず、ウクライナ側はそれに気付いていなかった。

スロバキアのサイバーセキュリティ企業「ＥＳＥＴ」は、二〇一六年十二月のサイバー攻撃で使われたコンピュータウイルスを分析し、「インダストロイヤー」と名付けている。同社は、このコンピュータウイルスの恐ろしさとして、変電所のスイッチとブレーカーを直接制御できてしまう点を挙げる。配電を止めてしまえば、ドミノ式に障害を発生させ、重要なサービスに多大な悪影響を及ぼしかねない。

その他、サイバーセキュリティ対策を取っていても検知しにくくし、なるべく長く標的のシステム内に潜伏できるようにする機能の他、任務を全うした後には、なんと全ての痕跡を消去して証拠を隠滅できる機能も備わっていた。

事件から約二週間後の十二月二十九日、ペトロ・ポロシェンコ大統領（当時）は、ウクライナの政府機関が過去に六千五百回近くもサイバー攻撃を受けており、ロシア連邦保安庁（FSB）がウクライナにサイバー戦争を仕掛けていると見られる攻撃も中にはあったと国家安全保障・国防会議で明らかにした。

この時大統領は、停電を引き起こしたサイバー攻撃の背後にロシアがいたのかどうかにまでは言及していない。ウクライナ保安庁は、後にロシアによるサイバー攻撃だったと断定している。

二〇一七年のワイパー攻撃で一兆円以上の被害

ウクライナの憲法記念日の前日の二〇一七年六月二十七日、「ノットペトヤ」と呼ばれるワイパー（相手のシステム内のデータを消し〔ワイプ〕、業務継続できなくすることを狙ったコンピュータウイルス）を使ったサイバー攻撃がウクライナを襲った。ノットペトヤには自己増殖機能があり、最終的には、米国、ドイツ、ブラジル、フランス、ベルギーなど六十五カ国に感染が広がったが、最も被害が酷かったのは、最初に感染の始まったウクライナである。ESETの調べでは、感染の八〇%がウクライナに集中しており、二番目に被害の大きかったのはドイツ（九%）であった。世界全体の被害額は、百億ドル以上（一兆四千億円強）と見積もられている。

ノットペトヤは、ランサムウェアのように見せかけてあったものの、通常のランサムウェア攻撃とは異なり、身代金を払っても復号化できる仕組みになっていなかった（ランサムウェアとは、感染したコンピュータをロックしたり、ファイルを暗号化したりして使用不可能にしたのち、元に戻すことと引き換えに身代金（ランサム）を要求するマルウェア（悪意のあるソフトウェア））。つまり、ハッカーは金銭目的ではなく、業務妨害を狙ってワイパーを使ったサイバー攻撃を行ったことを意味している。

ウクライナで被害を受けたのは、中央省庁、同国内最大の空港であるボルィースピリ国際空港、ウクライナ国営の航空機メーカー「アントノフ」、ウクライナ郵政、ウクライナ貯蓄銀行をはじめとする複数の銀行、テレビ局、キーウの地下鉄、ウクルテレコムなどである。その他にも、世界の複数の主要企業が大打撃を受けた。例えば、オレオ・

クッキーやクラッカー「リッツ」を製造している米大手食品・飲料会社「モンデリーズ・インターナショナル」は、同年第2四半期の純収益がサイバー攻撃のせいで五％下がったとしている。

米物流大手「フェデックス」が業務復旧のために費やした額は約四億ドル（約五百六十億円）に上る。また、デンマークの海運大手「A・P・モラー・マースク」は、サーバー四千台、PC四万五千台を入れ替えなければならなくなり、ITが復旧するまでの間はペンと紙で業務を続ける羽目になった。同社のソレン・スコウ最高経営責任者（CEO）は、同年八月時点で、被害額を二億～三億ドル（約二百八十億～四百二十億円）と見積もっている。

調査の結果、当時、ウクライナ国内の九割に当たる企業が使っていた税申告ソフトウエア「MEDoc」が狙われたと判明した。同ソフトウエアの製造企業は、セキュリティ上の課題を自らが抱えていると知りつつ、何も対策を講じてこなかった。

ウクライナ保安庁は、ノットペトヤ攻撃の翌月、前年十二月に停電を引き起こしたサイバー攻撃と同じロシアのハッカー集団が、重要なデータを破壊し、パニックを発生させるためにノットペトヤ攻撃を行ったと非難した。しかし、ロシア政府は、根拠のない非難だとして一蹴している。

尚、米司法省は、二〇二〇年十月、二年連続の停電をウクライナで引き起こしたサイバー攻撃とノットペトヤ攻撃を行った容疑で、GRU将校六人を起訴した。ロシア大統領府のドミトリー・ペスコフ報道官は即日容疑を否定し、「これは度々発生している反ロシアの蔓延の再発だが、勿論、現実とは懸け離れている」と主張している。

しかしながら、二〇二三年三月に欧米で大きく報じられたロシアからのリーク情報を見る限り、サイバー攻撃能力を構築しているのは事実のようであり、しかもロシアの民間企業の技術を活用しているようだ。

モスクワに本社を置くITコンサル会社「NTCヴァルカン」の社員を名乗る匿名の人物が、ロシアによるウクライナ軍事侵攻に腹を立て、「この情報を使って内部で何が起きているのか知ってほしい」と五千ページ以上の大量の内部文書をドイツ人のジャーナリストに侵攻直後に提供した。この文書には、二〇一六〜二一年にかけて同社がロシア対外情報庁（SVR）、FSB、GRUなど向けに設計したソフトウェア、情報収集アプリの詳細や契約情報が含まれている。例えば、二〇二〇年五月、同社の社員たちはGRUのメンバーたちが勤務しているモスクワの建物を訪れ、サイバー攻撃に使うための脆弱性情報をインターネット上で自動スキャン・収集するツール「SCAN-V」のデモの計画を立てていた。

同社の創設者は二人とも、サンクトペテルブルクの軍事アカデミー出身で、陸軍に勤務した経験を持つ。二〇一〇年の会社創設後、徐々にロシア政府からの機密プロジェクトを請け負うようになっていったようだ。社員百二十人のうちの半数はソフトウェア開発者で、企業文化は米ハイテク企業に似て、フィットネスを奨励し、社員の誕生日を祝う。会社のスローガンは「世界をより良い場所にしよう」だ。

留意しなければならないのは、同社は、ロシア軍や情報機関がサイバー能力を得るために使っている数十の企業のうちの一社に過ぎない点である。また、リーク文書に挙げられている数々のサイバー攻撃ツールのうち、どれが実際に完成し使われているかは不明だが、少なくともお試し版はできているようである。

ウクライナが学んだ教訓

ウクライナが二〇一四年のクリミア併合から学んだのは、通信インフラ防御の重要性だ。通信のダウンが有事に起きてしまえば、相手の情報戦に踊らされ、反論ができなくなる。防御態勢強化のため、ウクライナは通信インフラの分散化を進めた。二〇二一年十二月の時点で、ウクライナ国内のインターネット・サービス事業者の数は、なんと四千九百以上にもなっている。つまり、二〇二二年二月のロシアによるウクライナ軍事侵攻時点で、サイバー攻撃や火力による攻撃を仕掛けられても、一度に全ての通信をダウンさせられる可能性は相当低い状況になっていたのである。

また、一部のインターネット・サービス事業者は、二〇二二年二月の軍事侵攻前から万が一の事態に備え、協力し合って通信インフラの抗堪化を進めていた。バックアップ用の運用センターの設置や衛星電話の従業員への配布まで行っていた事業者すらいた。

ウクライナは、二〇一六年三月に初めてサイバーセキュリティ戦略を策定し、個人、社会、国にとって安全に機能するサイバー空間を作ると共に、重要インフラ防御や官民・国際連携の強化を目指した。この戦略で唯一国名を挙げているのがロシアであり、それだけクリミア併合後と最初の停電事件以降、サイバー空間におけるロシアの脅威を警戒していたことが窺えよう。

二〇二〇年九月に出た新国家安全保障戦略では、サイバーセキュリティ戦略よりも一層踏み込み、「ロシアが政治、経済、情報、心理、サイバー、軍事に関する手段を組織的に使ったハイブリッド戦を続けている」と書かれている。また、重要インフラへの物理的・サイバー面での脅威が増していることにも警鐘を鳴らし、デジタル変革を進めていく中、サイバーセキュリティの抗堪性を高め、重要インフラのサイバーセキュリティを確保していかなければならないとの決意を謳っている。

ウクライナのサイバーセキュリティの取り組みにおいて、主要な役割を果たしている政府機関は以下のとおりである。

- ウクライナ・コンピュータ緊急対応チーム（CERT-UA）は、二〇〇七年に作られたウクライナで発生したコンピュータ関連の緊急事態に対応する政府機関であり、国家特殊通信・情報保護局のサイバー防衛センター下に置かれている。サイバー攻撃に関する情報を集め、分析し、データベース化している他、他国の政府機関や国際機関、司法機関とも連携し、サイバー攻撃への対応を行う。
- 国防省とウクライナ軍参謀本部は、サイバー空間への軍の侵攻への撃退、サイバー空間の安全性確保のためのＮＡＴＯ（北大西洋条約機構）との軍事協力、国家特殊通信・情報保護局と保安庁との協力のもと、自らの情報インフラの保護を行う。

- 国家特殊通信・情報保護局は、国の情報リソースの保護のための国家政策の策定・実施、他のサイバーセキュリティ関連組織とのサイバー防衛活動の調整、サイバー攻撃の防止、検知、対応のための組織的・技術的対策の実施、重要情報インフラの脆弱性を見つけるためのセキュリティ監査の実施を行う。
- 保安庁は、サイバー空間における平和と安全を乱す犯罪の防止、検知、禁止の他、サイバーテロとサイバースパイ活動への対諜報活動、国の電子情報リソースへのサイバー攻撃についての調査を行う。
- 国家警察は、サイバー空間における犯罪から人権、公民権、自由を守り、社会と国益を守るだけでなく、サイバー犯罪の防止、検知、禁止、サイバー空間における安全についての国民の意識を高めることについて責任を負う。
- 国立銀行は、金融機関の重要情報インフラのサイバー防御策の決定に責任を負う。
- ウクライナ議会人権委員会は、個人情報の保護を行う。

第二章　サイバー戦の予兆：二〇二一年秋～二〇二二年二月

二〇二一年秋、米軍がウクライナにサイバー部隊を緊急派遣

米国は二〇二一年秋に少なくとも二つの専門チームをウクライナに派遣し、サイバー防御能力の強化支援をしていたようだ。

地上部隊の侵攻と同時にロシアがワイパーの機能を発動させるのではないか、と米国は恐れていた。そのため、英フィナンシャル・タイムズ紙によると、二〇二一年十～十一月、米陸軍のサイバー部隊と米民間企業からなる混成チームをウクライナに送り、国中の重要インフラをしらみつぶしにチェックし、来る戦争前にロシアがワイパーを潜ませていないか探し回った。結局、ウクライナ鉄道のネットワーク内からワイパーを見つけ、削除することに成功した。

国連難民高等弁務官事務所（ＵＮＨＣＲ）の二〇二二年三月三日時点での推計では、ウ

クライナからの避難民の数は戦争勃発からわずか一週間で百万人に達した。もしワイパーが事前に見つからず、軍事侵攻のタイミングに合わせて起動させられていれば、大惨事になっていたかもしれない。

実は、米軍がサイバー防御専門の精鋭チームをウクライナに送るのはそれが初めてではなかった。米サイバーコマンドのチームを二〇一八年に派遣していたのだ。サイバーコマンドのポール・ナカソネ米サイバーコマンド司令官兼NSA（国家安全保障局）長官（陸軍大将）が、二〇二二年四月五日の米上院軍事委員会で明かした。

米国のサイバー戦を担当する米統合軍の一つ「サイバーコマンド」は、メリーランド州フォート・ミードに本拠地を置き、軍事サイバー作戦の攻防を担当する。同じくフォート・ミードにあるNSAはサイバーを含む情報収集を担当しており、協力し合っている。二〇一〇年の創設以降、NSA長官はサイバーコマンド司令官と兼任である。

ただウクライナがどれだけ国際支援を欲していたとしても、外国の軍に自国のサイバーセキュリティの脆弱性を明かすのには心理的な障壁もあっただろう。それもあってか、サイバーコマンドのチームは、二〇一九年のキーウ初訪問時にカリフォルニア州兵の助けを借りた。

ソ連崩壊後の一九九三年、米州兵は、エストニアやポーランド、ウクライナなどの旧ソ連圏や旧ワルシャワ条約機構加盟国と協定を結んだ。各州の州兵が各国とペアを組み、それぞれの国の軍がNATO軍と相互運用可能になるよう訓練するとともに、民主主義国家における軍の役割について教育を始めたのである。

一九九三年にウクライナ軍と国家親衛隊の訓練を始めたのは、カリフォルニア州兵だった。カリフォルニア州兵が二十五年にわたってウクライナ政府の隅々にまで人脈を張り巡らせていたお陰で、米サイバーコマンドは初対面のウクライナ政府関係者との打ち合わせも比較的円滑に進んだのではないか。

この経験と新たな人脈は、二〇二一年秋の米陸軍サイバー部隊らのチームの緊急訪問時にも役立っただろう。

さらに米国は、二〇二一年十二月三日にも米軍の精鋭、サイバー防御専門の「ハント・フォワード」チームをキーウに派遣している。

「ハント・フォワード」とは、二〇一二年に米サイバーコマンドの指揮下に作られたサイバー国家任務部隊（本部はメリーランド州フォート・ミード）がパートナー国の要請を受けて行うサイバー防御活動を指す。同部隊には二千人の軍人が所属し、三十九のチームに分かれて、同盟国の防御能力強化の支援、ロシアからのサイバー攻撃の防止、米国の選挙の防衛などの任務に従事している。

「ハント・フォワード」チームは、二〇一八年以降二〇二三年三月二十三日までに、二十二カ国に四十四回派遣された。専門チームが当該国を訪れ、サイバー攻撃が行われていないかネットワーク内を監視する。うまくいけば派遣された初日にサイバー攻撃の痕跡が見つかるが、高度な攻撃者の場合は、一~二週間を要する。作業の大半は中国や北朝鮮などの政府系ハッカーとの戦いであるが、最も手強いのがロシアだという。

検知できれば、敵のサイバー攻撃能力や計画、ツールについて学べる。さらに、被害を事前に防止すれば、他国への被害の余波の広まりが避けられるため、集団的にサイバー防衛能力が高まる。

BBCによれば、通常、派遣先はヨーロッパや中東、インド太平洋地域の関係の緊密な同盟国であるが、既に知見を持ち、支援を必要としていない、あるいは支援を欲していない英国、ドイツ、フランスなどの国には送っていない。また、相手国の政府ネットワークをスパイしにきたのではないと信頼してもらうためには、単に技術的なスキルだけでなく、外交的なコミュニケーション能力も求められる。

二〇二一年にウクライナへ派遣された「ハント・フォワード」チーム指揮官の若い少佐は、到着後すぐに滞在の延長が必要と気付き、米サイバーコマンドのサイバー国家任務部隊の司令官であるウィリアム・ハートマン少将にその旨を連絡した。一週間以内に米陸海空軍と海兵隊の合同チームが十人から三十九人にまで増強され、「ハント・フォワード」チーム史上最大規模の派遣となった。

ウクライナ政府は、米軍チームが複数のネットワークにアクセスできるように計らい、米軍チームは、ウクライナの担当者と膝を突き合わせて、サイバー攻撃の痕跡を追った。現地での活動の他、遠隔でも分析・助言を実施したという。

ハートマン少将は、「ハント・フォワード」チームの働きによるものだけではないと謙遜しているが、チームがチェックしたネットワークは、年明けの二〇二二年一月中旬に発生したワイパー攻撃の被害を一切受けていない。米軍チームは、少なくとも三つのネットワークを調べた。下手をすれば、壊滅的な被害が出る恐れがあったものの、米ウの連携によって被害を防ぐことができたのだ。

二月のロシアの軍事侵攻前に米軍チームは引き揚げたが、ウクライナとの協力はその後も続けている。二〇二二年七月には、米サイバーコマンドは、ウクライナ保安庁の協力のもと、サイバー攻撃の技術的な情報を二十件公表した。不正なログイン試行や攻撃に使われたツールなどの技術的な情報の迅速な公表は、非常に重要だ。何故なら、この情報を参照し、技術的対策を立てることで、多くの組織が同じ手口の攻撃からの被害を未然に防げるようになるからである。

米サイバーセキュリティ企業「クラウドストライク」の創業者兼元最高技術責任者（CTO）のドミトリー・アルペロヴィッチは、「ロシア軍が先制的に行ってきたことに対し、実際に攻撃を仕掛けてくる前に我々が行動を取れたのは初めてだ」と評価している。

さらに時期は不明であるが、米エネルギー省からも複数のチームがウクライナのエネルギー・インフラの抗堪性を高めるために支援に行っているようだ。アン・ニューバーガー米国家安全保障担当副補佐官（サイバー・先端技術担当）が、二〇二二年九月二十二日放送の米国営放送「ボイス・オブ・アメリカ」のインタビューで匂わせている。

また、米英軍のサイバー戦の専門家がウクライナに派遣されたと二〇二二年十二月二十日付の米ニューヨーク・タイムズ紙電子版が報じている。時期や規模は不明だが、米サイバーコマンドはさらに多くの人員の派遣を考えているとの記述を見る限り、十二月中旬の米サイバーコマンドの「ハント・フォワード」チームのウクライナ訪問時期頃に英軍チームも行っていたのではないか。

二〇二二年一月中旬、ウクライナ政府機関のサイトが一斉攻撃される

二〇二二年一月中旬からウクライナへのサイバー攻撃が目立って増えていった。

ロシアがウクライナ国境周辺に十万人の兵力を集結させ、緊張が高まる中、一月十三日、ウィーンで欧州安全保障協力機構（OSCE）が欧米、旧ソ連圏の全五十七加盟国からなる常任理事会を開き、ウクライナ情勢について最後の話し合いを行った。しかし、ロシア側と欧米側とで意見の溝が埋まることはなかったのである。

そうした最中、ウクライナへの大掛かりなサイバー攻撃が進められていた。

一月十三〜十四日の夜、エネルギー省、財務省、外務省、教育・科学省、国家安全保障・国防会議など七十以上ものウクライナ政府機関のウェブサイトがサイバー攻撃を受け、そのうち二十二の省庁のウェブサイトが改竄されてしまった。また、六つのウェブサイトがワイパーによって大規模な被害を受けている。

改竄されたウェブサイトには、ロシア語とウクライナ語、ポーランド語で「ウクライ

ナ人たちよ！　お前たちの個人情報は全て公のネットワークにアップされた。コンピュータ上のデータは全て破壊され、復旧はできない。お前たちの情報は全て公にされる。恐れよ、最悪の事態が起きるぞ」というメッセージが書き込まれていた。

ウクライナ保安庁は、一月十四日にこのサイバー攻撃についてウェブサイト上で公表し、ほとんどのウェブサイトが既に復旧し、個人情報は盗まれていなかったことを明らかにした上で、ロシアのハッカー集団が関与している可能性を匂わせた。

ウクライナ国家特殊通信・情報保護局のユーリ・シチホリ局長は、このサイバー攻撃で二十以上のウクライナの政府機関が狙われ、約九十の政府のウェブサイトがアクセス不能になってしまったと後に明かしている。盗まれたデータはなかったものの、復旧に一週間近くを要したウェブサイトもあったという。ロシアがこのサイバー攻撃を行ったのは、「ウクライナ国民の間でパニックを引き起こし、ウクライナがこうした攻撃に対処できないような弱い国だと世界に示すことであり」、心理戦の要素が強いと分析している。

ＮＡＴＯのイェンス・ストルテンベルグ事務総長は本件に素早く反応し、一月十四日に「ウクライナ政府へのサイバー攻撃を強く非難する」との声明を出した。そして、Ｎ

ATOとウクライナは長年にわたって緊密にサイバー防衛上の協力をしており、今回のサイバー攻撃でも情報共有をしていること、近日中にNATOとウクライナが更なるサイバー協力のための合意文書に調印する予定であると明らかにしている。

　調査の結果、被害を受けたウクライナ政府機関のウェブサイトのほとんどを管理していた地元のIT企業「キットソフト」がまずサイバー攻撃を受けていたと判明した。攻撃者は、この企業のシステムの脆弱性を突いて、従業員のアカウントを乗っ取っていた。サプライチェーン間の信頼関係を悪用して、ウェブサイトをホストしているサーバーに巧みに不正アクセス、ウェブサイトの改竄を試みた。さらにワイパーを使って、数カ月前にハッキングしておいた政府のシステムに攻撃を仕掛けたのである。

　米マイクロソフトは、ウクライナの複数の組織を狙ったこのワイパーを一月十三日に発見し、「ウィスパーゲート」と名付けた。ランサムウェアのように見せかけてはいたが、身代金を回収する仕組みが備わっていないため、金銭目的というよりも破壊や業務妨害を目的にしたサイバー攻撃のようである。

二月中旬、ウクライナ国民の間に不安を煽るためのDDoS攻撃が発生

二月、ロシアからのサイバー攻撃はさらに激化していった。二月十三日にテレビ朝日が国家安全保障・国防会議のセルヒー・デムデューク副議長の発言を放映している。「例年と比べると十一月以降、ロシアからのサイバー攻撃は三倍になっていて、いつも以上に脅威となっている」。特に攻撃されているのが、金融やエネルギー分野だという。

そして、二月十五日、ウクライナ国防省や軍、公共ラジオ局のウェブサイトがDDoS攻撃を受け、一時ダウンしてしまった。国立貯蓄銀行や大手のプリヴァト銀行も攻撃を受け、アプリやオンライン決済が二時間使用不能になっている。国防省には二十四時間以上攻撃が続いたようだ。

とは言え、ウクライナ国民が受けた金融サービス上の不具合は、決して長時間にわたるものではなく、ATMは機能していた。ところが、ウクライナのサイバー警察によると、二月十五日の朝、何者かがATMサービスがダウンしているとの偽ショートメッセージをウクライナ内で拡散した。ウクライナ国民の間で、さらに混乱を煽るための偽情報の拡散と考えられる。

ミハイロ・フェドロフ副首相兼デジタル転換大臣は、翌日の記者会見で「ウクライナ

史上、最大のDDoS攻撃だった」と振り返り、「今回の攻撃の主な目的は、ウクライナを不安定化させ、パニックを煽り、混乱を引き起こすためのものだ」と分析している。

また、保安庁でサイバーセキュリティ部門長を務めているイリヤ・ヴィチュクは、まだ調査中としながらも、「残念ながら、軍事侵攻があるかもしれないとの大きなパニックを作っている中で、このような攻撃を我が国にすることに関心を抱いている唯一の国はロシアしかないだろう」と記者会見で述べた。ジョー・バイデン大統領は、ロシアが十五万人以上の兵力をベラルーシとウクライナ国境沿いに集結させていると十五日の記者会見で述べている。

但し、ロシア側は関与を否定している。ドミトリー・ペスコフ大統領府報道官は、「我々は何も知らないが、ウクライナがいつものように何でもロシアのせいにするのには驚かない、ロシアはいかなるDDoS攻撃にも関与していない」と記者団に語った。

一方、英米豪は、サイバー攻撃からわずか数日後に、ロシアを名指しで非難する声明を出している。従来であれば数年を要していたことを考えると、驚異的なスピードだ。それだけ、ウクライナ情勢への危機感が強まっていた表れであろう。

英米両政府はそれぞれ二月十八日、オーストラリア政府は二月二十日に、二月十五〜

十六日のウクライナの金融機関への一連のDDoS攻撃を行ったのはロシア連邦軍参謀本部情報総局（GRU）だと名指しした。英豪は、ウクライナの主権を無視したこうした攻撃をロシアは止めるべきと非難している。

また、アン・ニューバーガー国家安全保障担当副補佐官（サイバー・先端技術担当）は、二月、ホワイトハウスでの記者会見で「大統領が今週申し上げたように、企業や重要インフラへの妨害型のサイバー攻撃など、ロシアが米国や同盟国を非対称の活動で攻撃した場合、我々には対応する準備ができている」と毅然とした態度を見せている。

軍事侵攻直前、データのクラウド移行を解禁

ウクライナへのロシアによる軍事侵攻の可能性が濃厚となってくる中、軍事侵攻前、ウクライナ政府は、首都キーウにある政府のサーバーからいざという際にはデータを消去し、データをキーウの外に移転させる計画を作った。何故ならば、二〇一四年のクリミア併合時、ロシアのハッカーが機微なウクライナのデータを盗み、その情報を悪用してサイバー攻撃を仕掛けてきた苦い経験があったからである。

クリミア併合以降、ウクライナ政府は、政府のコンピュータ・システムを各地域でバ

ラバラに管理するのをやめ、一元管理を進めてきた。逆に言えば、キーウのデータベースさえ押さえられれば、ウクライナ政府のデータを一挙に確保できてしまう。

二〇二一年八月、欧米の部隊がアフガニスタンから撤退し、首都カブールがタリバンの手に落ちた際、アフガニスタンの政府関係者や兵士の給与情報などの機微なデータをタリバンが入手してしまった。こうした情報は、タリバン反対派の拘束や殺害につながり得る。同様の事態を防ぐには、データのセキュリティが不可欠だ。

軍事侵攻の直前まで、ウクライナでは、政府や民間企業の特定のデータをクラウドに保存することは禁止されていた。しかし軍事侵攻の一週間前、ウクライナ議会が急遽、ウクライナ政府のデータのクラウド保存を許可する法律を制定した。ウクライナ政府は公に企業の支援を募ったところ、最初に手を差し伸べたのがアマゾン ウェブ サービス（AWS）だった。

軍事侵攻の起きた二月二十四日、ロンドンでAWSの公共部門長を務めているリアム・マックスウェルはウクライナのヴァディン・プレスタイコ駐英大使と大使館で昼食を取りながら、紙とペンを使ってウクライナの最重要データを洗い出し、如何に保存するか計画を練った。

最重要データには、戸籍、土地の登記情報、納税記録、銀行情報、教育関連情報、汚職防止データベースが含まれる。また、二十七の省庁、十八の大学、数十万人もの子供たちに遠隔学習を提供しているウクライナ最大の学校（幼稚園の年長から高校まで）、ウクライナ最大の金融機関であるプリヴァト銀行などの数十の企業のデータを移行することになった。

そして二月二十六日の朝には、スーツケースの大きさのデータ移行機器「スノーボール」複数台がポーランド南部の都市クラクフに、その日の夜から翌日の朝にかけてウクライナに、到着した。スノーボール一つ当たり、最大八十テラバイトのデータを保存できる。

AWSは、ウクライナ政府のデータを暗号化してスノーボールに保存してバックアップを取り、安全な場所に移してからクラウドに保存した。

ウクライナ政府が国外にデータを移転する際、アマゾンの他に、マイクロソフトやグーグルも無償でクラウドサービスを提供している。

軍事侵攻直後のバックアップデータセンター破壊とクラウドへの注目

ここまでは、報道に基づくウクライナ政府と大手クラウドサービス事業者の動きだ。だが、機材、予算、専門要員、輸送手段のどれを取っても、これだけ大規模なデータ移行作戦をわずか二、三日間の調整だけでやってのけられたとは信じ難い。いや、不可能だろう。二月二十四日以前にウクライナのハイテク企業の多くはサーバーを安全な場所に移し、バックアップ・システムをウクライナ国外に置いていたとの報道もある。

筆者の想像であるが、おそらく、軍事侵攻の数カ月前から少なくともＩＴ・サイバーセキュリティ業界においては、水面下で警告が飛び交い、大掛かりなデータ移行のための国際的な官民の調整が進められていったのであろう。

いずれにせよ、クラウド移行の準備が進められていたのはウクライナにとって僥倖(ぎょうこう)であった。ウォロディミル・ゼレンスキー大統領は、二〇二二年十一月十五日にインドネシアで開かれていたＧ20首脳会議でビデオ演説した際、軍事侵攻から一週間以内にロシアからの攻撃でウクライナの主要データセンターが破壊されたと明らかにしている。ウクライナのヘオルヘ・ドゥビンスキー・デジタル転換副大臣によると、ロシアのミサイル攻撃でウクライナ政府のデータセンターが破壊されてしまったが、クラウド上にバックアップを取っていたので、事なきを得たとのことだ。このデータセンター破壊事件を受け、クラウド移行が加速した。

ただ戦争が進むにつれ、ロシアが情報システムの運用に不可欠な電力やエネルギー施設も破壊し、電力不足が深刻化した。

マイクロソフトによれば、ロシアは、戦争の初期段階でミサイル攻撃によるデータセンターの破壊だけでなく、ワイパーを使ってオンプレミス（クラウドやデータセンターなど第三者にデータを預けるのではなく、自社が管理している施設内で情報システムやデータを運用すること）のシステムへの攻撃も行った。しかも、ロシアは二〇二二年十月以降、ウクライナの電力やエネルギー施設に集中的にミサイル攻撃をしたため、十二月時点で電力需要の半分が供給できない状態に陥った。それ故、データの保護は、火力による施設の破壊だけでなく、ワイパー攻撃と頻繁な停電の発生という三重苦との戦いであった。

ドゥビンスキー・デジタル転換副大臣によると、二〇二二年六月時点で一部の政府データをポーランド国内の特別に設計されたプライベートクラウドに保存済みだ。このクラウドには、ウクライナの情報しか保存していない。また、エストニアやフランスなど他国にも同様の支援を交渉中とのことだ。

ただ、たとえ戦時中であっても、国家の最重要機密を外国政府に預けるものなのだろうか。

ビクトル・ゾラ国家特殊通信・情報保護局副局長は、二〇二二年十二月二十一日付の米ウォール・ストリート・ジャーナル紙オンライン版で、全てのデータの国外移行はできないと明言している。そのため、継続的に電力を供給できる場所と十分なＩＴ機器を探し、市民に電子サービスを絶え間なく提供すると共に、ウクライナ国内に残っているデータセンターに毎日燃料を供給し続けているという。

フェドロフ副首相は、二〇二二年十一月末、米ラスベガスで行われたＡＷＳのイベントに登壇し、クラウドへの移行がウクライナ国民のデータベースと政府のデータを救い、ＡＷＳの経営層の決断がウクライナ政府と経済を救ったと感謝している。

第三章　サイバー戦の始まり：軍事侵攻前日〜二〇二二年六月

戦時のサイバースパイ活動と妨害・破壊型のサイバー攻撃

本章から、いよいよ二〇二二年二月二十四日のロシアによる軍事侵攻直前からの主要なサイバー攻撃について追っていきたい。その前提知識として押さえておきたいのが、戦時に国家が使う主要なサイバー攻撃の種類だ。サイバースパイ活動と妨害・破壊型のサイバー攻撃の二種類がある。

まず、情報収集のためのサイバースパイ活動であるが、無論、国防や外交関連の情報を盗む安全保障目的のサイバー攻撃や、知的財産関連情報を盗んで自国の産業に役立てる産業スパイ活動としてのサイバー攻撃は平時から行われている。

しかし、戦時になれば、自国の生き残りをかけてインテリジェンスを収集し、的確な意思決定をしていくことが一層重要となる。敵国が次にどのような手に打って出るのか、敵国にどの国や企業がいかなる支援をどのようなタイミングでどのようにしてくるのか、国際社会はどのような制裁案や和平案を練っているのか、などの情報を事前に把握できれば、その迂回策や反撃計画が可能となろう。

次に、敵国やその支援国・企業の業務を妨害し、インフラを破壊するためのサイバー攻撃も重要となる。攻撃手段としては、ワイパーとランサムウェアが考えられる。ランサムウェアは、通常であれば金銭目的でサイバー犯罪者が使うものだ。だが、今回の戦争において、ロシアはランサムウェアを身代金回収のためではなく、業務妨害のためにウクライナとポーランドの運輸・交通業に対して十月に使ったことが米マイクロソフトによって確認されている。

DDoS 攻撃も標的のウェブサイトやサービスをダウンさせる点では、業務妨害型のサイバー攻撃と言えるが、ワイパーと比べ破壊度が低く、業務復旧は比較的容易い。そのため、中長期的に敵の反撃能力や国力を削ぎたいのであれば、ワイパーやランサムウェアの方が確実だ。

ただ、戦時は、攻撃手段としてサイバー攻撃以外にも、爆撃やミサイルなどの火力を使った攻撃、ジャミング（電波妨害）などの電子戦など、攻撃手段が格段に増える。平時やグレイゾーンであれば、武力攻撃相当と見なされない程度の烈度のサイバー攻撃を隠密裡に行った方が、武力による反撃を避けられ、便利であろう。

ところが、戦時となれば一転、破壊力・殺傷力が重要な要素となってくる。ワイパーやランサムウェアを使った妨害型のサイバー攻撃は、火力を使った攻撃の破壊力・殺傷力には敵わない。

だからと言って、戦時に妨害型のサイバー攻撃を使う意味が失われる訳ではない。火力を使った攻撃とタイミングを合わせ、電力、通信、エネルギー、交通・輸送などの敵の重要インフラに妨害型のサイバー攻撃を仕掛けられれば、敵を混乱させ、反撃能力を奪える可能性があるだろう。人間の脳や神経にダメージを与え、視覚や聴覚を奪い、運動能力を麻痺させるようなものだ。戦時におけるサイバー攻撃は、火力を使った攻撃と如何に組み合わせ、シンクロさせるかが鍵を握る。

軍事侵攻前日にDDoS攻撃とワイパー攻撃

軍事侵攻の直前から複数種類のサイバー攻撃が始まった。まず二月二十三日の午後四時頃、ウクライナの外務省、内閣府、議会、保安庁などのウェブサイトにDDoS攻撃が始まり、ダウンしてしまった。丁度、ウクライナ議会で非常事態宣言について話し合いが行われていた頃である。フェドロフ副首相兼デジタル転換大臣は、銀行も影響を受けたとテレグラムの投稿で明らかにしたが、どの銀行が被害を受けたのかまでは言及しなかった。

二月二十五日付英BBCによると、少なくとも一部のDDoS攻撃はロシアの愛国的なハッカーたちが自主的に行っていたらしい。とある有名なロシアのサイバーセキュリティ企業に勤めているドミトリー（仮名）は、二月二十三日、仕事から帰宅後、ウクライナへのサイバー攻撃が行われているのを知り、「みんながウクライナのサーバーを攻撃しているみたいだ。俺たちも引っ掻き回そうぜ」とソーシャルメディアに書き込んだ。そして六人の仲間と一緒にウクライナ政府のウェブサイトをDDoS攻撃し、一時的にダウンさせた。

だが、自分たちが違法行為に手を染めており、「会社にバレたら、クビになる」との意識はあったらしい。六人中二人は同じ会社に勤めているが、決して直接は話さず、必ず暗号化されたチャンネルで連絡をとった。

DDoS攻撃の後、ESET社とシマンテック社は、一月に引き続き二つ目のワイパーを発見した。ＥＳＥＴ社がこの HermeticWiper（ハーメティックワイパー）を最初に見つけたのは、二月二十三日の午後四時五十二分頃であるが、ワイパーが作られたのは二カ月前だった。ウクライナ国内の数百台のマシーンにインストールされていただけでなく、ウクライナ政府と取引のあるラトビアとリトアニアの企業でも被害が出た。ウクライナ国内では、少なくとも金融機関一社、そして自動車保険証券の担当部署が被害を受けている。この部署はデータベースが消えてしまったため、バックアップデータを使って業務を再開できるまでの二週間、保険証券を発行できなくなってしまった。ただ、二〇一七年のノットペトヤ攻撃に比べると、かなり被害規模が限定されていたと言えよう。

軍事侵攻当日にも複数種類のサイバー攻撃

二月二十四日、プーチン大統領は、ウクライナにおける「特別軍事作戦」を承認した。ウクライナ政府は、公式フェイスブックで「ロシアの武装勢力は、二月二十四日午前五時、東部にある我々の部隊への集中砲撃を開始した」と発表している。

軍事侵攻に合わせて、複数種類のサイバー攻撃がウクライナに仕掛けられた。当日の朝、DDoS 攻撃によって、ウクライナの国防省、外務省、内務省、保安庁、内閣、複数の銀行のウェブサイトがダウンしている。

ロシアからのミサイル攻撃が続き、ウクライナ全土で空襲警報が鳴り響いて命が危険に晒される中、サイバー攻撃に対応するのは非常に困難だ。ビクトル・ゾラ国家特殊通信・情報保護局副局長は、「サイバー攻撃が続いているのか？」と問われ、それどころではなかったらしい。「本気ですか？　弾道ミサイルが飛んできているのに」とショートメッセージを返してきたと英「インディペンデント」紙が報じている。

ロシアからのミサイル攻撃や戦車の動きがある数時間前、三つ目のワイパーがウクライナで見つかった。マイクロソフト社はFoxBlade（フォックスブレイド）、ESET社はIsaacWiper（アイザックワイパー）と名付けている。マイクロソフト社は、直ちにウクライナ政府と情報を共有し、サイバー攻撃の被害を防ぐための技術的な助言も提供した。

同社によると、二つ目と同様、三つ目のワイパーもノットペトヤのような国境を越えた無差別攻撃型ではなく、金融、農業、緊急事態対応サービス、人道支援、エネルギーなど、ウクライナ関連の標的に的を絞っていたようだ。

ＥＳＥＴ社がIsaacWiperを分析したところ、前年十月に作られたものだった。但し、翌日、新しいバージョンのワイパーが使われていたため、おそらく二月二十四日のサイバー攻撃ではうまくいかず、標的の端末からデータを消せなかったので、攻撃者たちがワイパーの改良を迫られたのであろう。

HermeticWiperと比べ、IsaacWiper（FoxBlade）はワイパーとしてそれほど出来が良くない。ただ興味深いことに、ESET社の研究者のジャン＝イアン・ブータンの分析によるとIsaacWiperに感染したのはHermeticWiperの被害を受けなかったウクライナ政府機関だった。二種類のワイパーを使って、より広範囲に被害を広げようとしていたのかもしれない。

米衛星通信大手への攻撃でウクライナ軍の通信に打撃

米衛星通信大手「Viasat（ヴァイアサット）」が管理する衛星通信「KA-SAT」が二月二十四日の午前五〜九時にサイバー攻撃を受け、ウクライナや欧州の顧客の通信に影響が出た。サイバー攻撃が行われたのは、丁度、ロシアがウクライナへのミサイル攻撃や戦車の移動を始めた頃である。

Viasatの顧客には米国防総省系機関の他、ウクライナ軍と警察が含まれるため、このサイバー攻撃の目的はウクライナ軍への妨害ではないかと当初から見られていた。三月五日付の独シュピーゲル誌オンライン版は、ドイツ連邦政府の内部文書がこのサイバー攻撃はウクライナでの紛争に関連しているのではないかと見ているると報じた。その理由の一つとして、KA-SAT の中欧・東欧の主要顧客がウクライナ軍であることを挙げている。

ビクトル・ゾラ国家特殊通信・情報保護局副局長は、三月十五日の記者会見で、「現時点で申し上げられることは、ほとんどない」と前置きしつつ、「戦争の初めに通信が、かなり失われてしまった」と明らかにした。また、攻撃者の特定はまだできていないとしながらも、「ロシアは単にミサイルや爆弾だけでなく、サイバー兵器でも攻撃していると我々は見ている」と付け加えている。

ただ、英フィナンシャル・タイムズ紙によると、ウクライナ国内の複数の陸軍基地でデータ通信が急にできなくなってしまったものの、ウクライナ軍は、すぐに別の暗号化された通信に切り替えることができたという。ウクライナでは数千、ヨーロッパでは数万の顧客に影響が出た。ウクライナ以外で通信障害が発生したのは、ドイツ、フランス、ハンガリー、ギリシャ、イタリア、ポーランド、チェコ、スロバキアである。

例えば、ドイツの風力発電機の製造・販売会社「エネルコン」は、Viasat のルーターを使って遠隔監視・管理をしていたため、このサイバー攻撃の影響を受け、五千八百台の風力発電機の遠隔管理ができなくなってしまった。サイバー攻撃から三週間近く経った三月十五日時点でも、モデムの八五％がまだダウンしたままとなっている。

一カ月近く経った後でも、ヨーロッパで数千ものViasatの顧客がまだオフラインになったままとなっており、企業は壊れたモデムの交換に躍起となっていた。

このサイバー攻撃で使われたのは、モデムとルーターからのデータ消去を狙ったワイパーだった。米サイバーセキュリティ企業「センチネルワン」はこのワイパーを「AcidRain（アシッドレイン）」と名付けている。

三月三十日付のViasatの報告書によると、攻撃者は、ＶＰＮ装置の設定ミスを悪用して衛星の管理ネットワークに侵入した。同社は世界中で幾つの機器が使用不能になったのか明らかにしていないが、顧客の復旧のため約三万のモデムを発送したという。

また、「センチネルワン」は、AcidRainが「ukrop」と呼ばれる悪意のあるバイナリー（二進法で表現されるデータ）を含んでいることに注目。この「ukrop」という言葉は、ウクライナの国名の一部である「ukr」と作戦を意味する「operations」の組み合わせ、あるいはロシア語のウクライナ人への蔑称であり、いずれにしてもウクライナを念頭に置いた名前の付け方のようだ。

Viasat へのサイバー攻撃を行なったのはロシア連邦軍参謀本部情報総局（GRU）であろうとの見方は、二〇二二年三月二十四日付米ワシントン・ポスト紙がいち早く報じた。

それから約一カ月半後の五月十日、米英カナダ、エストニア、欧州連合（EU）は、攻撃者がロシアであった可能性が高いと発表した。アントニー・ブリンケン米国務長官は、ロシアが侵攻時にウクライナの指揮統制を混乱させるため衛星通信ネットワークにサイバー攻撃を仕掛けたとの声明を同日出している。

また、EUのジョセップ・ボレル外交安全保障上級代表は、「こうした受け入れ難いサイバー攻撃は、ロシアが引き続きサイバー空間で無責任な振る舞いをしている証であり、ウクライナへの不法かつ不当な軍事侵攻の一部を成している」と指摘、「ウクライナや重要インフラへのサイバー攻撃は他国へ波及し、ヨーロッパ市民の安全を危険に晒しかねない」と懸念を表明した。

アヴリル・ヘインズ米国家情報長官は、同日、上院軍事委員会で証言した際、ウクライナの指揮統制用通信を狙ったサイバー攻撃であったものの、「特大のインパクトを出してしまった」と指摘している。ただ、ロシア側が被害をウクライナ国内に止めようと敢えてしなかったのか、それともできなかったのかは不明だ。サイバー攻撃の被害を特定のターゲットのみに絞るのには、それだけ準備に手間がかかるためである。

尚、Viasatへのサイバー攻撃の前から衛星のサイバーセキュリティは課題になってきたが、この事件を契機に、特に紛争時における衛星通信のサイバーセキュリティ確保の重要性が認識されることになった。

興味深いことに、Viasatの事件と同様の被害をもたらしたサイバー攻撃が、ロシア国防省や北方艦隊、FSBの使っているロシアの衛星通信企業「Dozor-Teleport」に対して二〇二三年六月二十八日に行われている。同社の衛星通信サービスは、同日からモスクワ時間の六月三十日の夜になってもダウンしているようだ。

同社のアレクサンドル・ロマノフ社長は、六月三十日付のロシアのITニュースサイト「コムニュース」に対し、サイバー攻撃の事実を認め、同社が契約しているクラウドサービス会社が最初に侵入されたと述べた。また、攻撃された理由として、同社のロゴに「Z」の文字が入っているからではないかとの考えも示している。

「Z」は、ウクライナに軍事侵攻するロシア軍戦車の側面や前面に大書されており、軍事侵攻への支持の象徴として見なされるようになった文字である。

六月二十八日の夜、正体不明のハッカー集団が、このサイバー攻撃を仕掛けたとテレグラム上で宣言した。同社とは無関係の四つのロシアのウェブサイトを改竄したとも主張、ワグネルの徽章とワグネルを賛美するメッセージを改竄ページに投稿している。

サイバー攻撃による被害で衛星通信サービスがダウンしたのは確かなようだ。しかし、ワグネルによるそうしたサイバー攻撃の実績は今まで知られておらず、専門家たちは、ワグネルの関与に懐疑的である。安全保障関係のシンクタンク「ＰＩＲセンター」のサイバー政策の専門家であるオレグ・シャキロフは、ウクライナによる偽旗作戦ではないかとツイートしている。

サイバー攻撃で国境検問所がダウン、避難民が国境で足止めに

ロシアは、ウクライナ国境警備隊のネットワーク内にもワイパーを潜ませていた。そして、ウクライナ避難民が国外に逃れようとしている時に、それを発動させた。

軍事侵攻から二日後の二〇二二年二月二十六日の土曜日の午前六時過ぎ、ウクライナからルーマニアに入るための国境検問所のコンピュータが機能を停止してしまった。そのため、検問所は紙とペンで業務を進めるしかなくなり、ルーマニアに入ろうとしてい

た避難民たちは、検問所で延々と待たされる羽目になった。

　二十人ほどのウクライナ人避難民たちとたまたま同じバスに乗っていた米国人のクリス・キューベッカが、検問所の担当者に何が起きたのか尋ねた。彼女は空軍出身のサイバーセキュリティの専門家であり、サイバー戦のバックグラウンドを持っていたため、ウクライナに滞在していた。検問所によると、二月二十三日にウクライナの国防省や金融機関、航空関連企業、ＩＴサービス企業を襲ったのと同じワイパーが使われたようである。

　検問所での復旧にどれくらいの時間がかかったのかは不明だ。だが、キューベッカは、避難時の状況の説明と周囲の写真をツイッターに投稿しているが、「大きなサイバー攻撃がまたあった。しばらく国境に残って、手伝わなければ。大規模だ」とツイートしてから、「ルーマニアに到着した」とバス前のウクライナ人避難民らしき人々との集合写真を投稿するまで約四時間かかっている。

米軍がロシアに報復？

ポール・ナカソネ米サイバーコマンド司令官兼ＮＳＡ（国家安全保障局）長官は、二〇二二年六月一日付英ニュース専門局「スカイ・ニュース」の独占インタビューで、米国がウクライナ支援の一環でサイバー攻撃を行なったと初めて認めた。「我々は全領域で作戦を行なってきた。攻撃、防御、情報作戦をしてきた」。法律に基づき、シビリアンコントロールの下、作戦を実行したと述べたが、詳細については明かさなかった。

攻撃的なサイバー作戦をしてきたとのこの発言は、米国が今回の戦争に直接介入しないとの立場に反しているのではないかとして、世界で波紋を呼んだ。カリーヌ・ジャンピエール米大統領報道官は同日の記者会見で、ロシアに対する米国からのサイバー攻撃は、米国が直接関与しないとのバイデン大統領の以前の発言に矛盾しているのではないかと問われ、「そうは思わない」と述べた。

ロシア外務省は、六月六日付の声明でナカソネ米サイバーコマンド司令官の名前は出していないが、「米国がロシアに報復措置を取らせるような挑発をしないよう勧める。必ずや断固とした毅然たる態度で撃退してみせる。しかし、直接国家がサイバー対決すれば勝者はなく、この『混乱』の結果は悲惨なものになるだろう」と凄んだ。

中国政府は、ロシアよりも一層強く反応している。中国外交部の趙立堅報道官（当時）は、六月八日の記者会見で、「米国は、国際社会に対して、『ハッキング作戦』がロシア・ウクライナ紛争に直接介入しないと表明していた立場にどう合致しているのか説明する必要がある」と指摘した。また、米国がハント・フォワードのチームを小国や中規模の国に派遣していることに抗議し、「そうした派遣によって、派遣対象国が望んでいないような紛争に巻き込まれないか注視すべき」と主張、米国のサイバー空間における行動が火力または核の紛争に発展しかねないと警告した。

それでも、ナカソネ米サイバーコマンド司令官は、七月十九日にニューヨーク市内のフォーダム大学で開催された国際サイバーセキュリティ会議に登壇した際、前月のスカイ・ニュースの取材で示した自身の立場を再確認している。「私のコメントは、我々がしていることに基づいている。それには勿論、敵の目的達成を困難にし、作戦継続能力を落とし、妨害するための様々なことを含む。これこそが、米サイバーコマンドのすべきことだと思う」と述べた。ただ、ウクライナを支援するためにサイバー攻撃をしたかどうかについての詳細については、触れなかった。

ロシア大統領特別代表（情報セキュリティ国際協力担当）のアンドレイ・クルツキフは、二〇二二年六月六日付露紙「コメルサント」の取材に対し、米国は民主主義の名を借りて、ロシアとその同盟国にサイバー攻撃を仕掛けてきている、ゼレンスキー政権とＩＴ

軍を使って我が国に破壊槌のようなコンピュータ攻撃を仕掛けていると非難した。

米サイバーコマンドの「攻撃的なサイバー作戦」の中身

では、ナカソネ米サイバーコマンド司令官が述べた「攻撃的なサイバー作戦」とは、具体的に何を指していたのであろうか。サイバーセキュリティや安全保障問題についての調査報道で知られる米ジャーナリストのキム・ゼッターは、二〇二二年六月十八日に早速詳細な分析記事を出している。

まず、米軍のドクトリンでは、「攻撃的なサイバー作戦」は、戦闘部隊の司令官や国家目標を支援するため、「外国のサイバー空間を通じてパワーを投影するための任務」と広義に定義されている。ゼッターが例として挙げているのは、武器システムや指揮統制能力や兵站作戦に影響を及ぼすため、物理領域において「注意深く管理した連鎖効果」を起こすようなサイバー攻撃などである。一部の攻撃的なサイバー作戦には、国際法で定義されているような武力行使のレベルに達する行動も含まれる。

「武力攻撃」相当と公に認定されたサイバー攻撃は今のところないが、ハロルド・コー米国務省顧問（当時）の二〇一二年九月の講演が参考になる指標を示している。個別の判断が必要と前置きしながらも、死傷や大規模な破壊をもたらすサイバー攻撃、例えば、原子力発電所のメルトダウン、ダムの決壊、航空機の墜落が該当し得ると具体例を三つ挙げた。

しかし、バイデン大統領は、ロシアとの第三次世界大戦になる恐れがあるため、米軍の直接的な関与はしないと明言してきた。そのため、「武力攻撃」相当の烈度の高いサイバー攻撃に踏み切る可能性は低いだろう。

二つ目の「攻撃的なサイバー作戦」の可能性は、相手のコンピュータ・システムやネットワーク、機器の情報の収集だ。偵察によって、今後のサイバー攻撃に使えるかもしれないITインフラのマッピングや、脆弱性の発見が期待できる。

ただ、米国がウクライナに対し、ロシアのコンピュータやネットワークにウクライナがサイバー攻撃できるような脆弱性情報を提供すれば、米国は難しい立場に追い込まれるだろうとゼッターは予測する。例えば、ロシア黒海艦隊の旗艦、誘導ミサイル巡洋艦の「モスクワ」をウクライナが二〇二二年四月に撃沈した後、米国がインテリジェンスを提供したから成功した、との報道が五月に出た。しかし、米国防総省のジョン・カービー報道官は、撃沈を目的としてウクライナ側に「特定の標的情報」を提供した事実はない、との声明を直ちに出している。

そのことからも、攻撃に使われることが明らかな情報をウクライナに提供するのは、米国にとってハードルが高そうだ。

三つ目の可能性は、ロシアがサイバー攻撃に使っているITインフラへの妨害である。アン・ニューバーガー米国家安全保障担当副補佐官（サイバー・先端技術担当）は、同年三月十日、米ニューヨーク・タイムズ紙のポッドキャストに登場した際、ウクライナでの戦争における対ロシア・サイバー戦略の三つの柱について触れた。そして、三つ目の柱は、「攻撃者が妨害型の作戦をしづらくすることであり、それはインフラの妨害や、より機微な作戦もあるが、詳細は言えない」と語っている。

米アメリカン大学の技術・法・安全保障プログラム部長のゲイリー・コーンがゼッターに対して挙げた例も、ウクライナのサイバー攻撃に使われているITシステムのロックアウトだった。ウクライナに対するサイバー攻撃を行うために使われているシステムの管理者用ユーザー名とパスワードを見つけ、当該システムに侵入し、パスワードを変える。この場合、「システムの利用者をロックアウトでき、妨害効果はあるが、システムに害は及ぼしていない」とコーンは考える。同教授は、二〇一四～一九年、米サイバーコマンドの法務部長を務めた経歴を持つ。

ただ問題は、何が紛争をエスカレートしかねない攻撃なのかはっきりしていないことだ、とゼッターは指摘する。彼女が取材した米国政府関係者は、「情報を変え、システムの動きを遅くし、あるいは稼働を一時的または恒久的に止めてしまえば、フランスなら主権の侵害だと考えるだろう。だが、他の国なら主権や国際法の侵害ではないと考えるかもしれない」と述べた。

一方、ロシアが「攻撃的なサイバー作戦」にどのような反応をするのかは、ロシア次第であり、コーンは、完全に政治的な判断になるだろうと分析している。

第四章　重要インフラ企業の戦い

通信事業者の軍事侵攻前の備えと侵攻後のサイバー攻撃

この章では、ウクライナの重要インフラ企業の静かなる戦いを取り上げたい。激戦の続く中、社員たちがどのようにして重要インフラの業務を続けているのか。サイバー戦の裏側を探ってみる。

二千六百万人の利用者を抱えるウクライナ最大の通信事業者「キーウスター」は、戦争前から最悪の事態に備え始めていた。ウォロディミル・ルチェンコ技術部長は、二〇二二年三月三十日付の季刊誌「ウクライナ・ビジネス」の取材に答え、民間インフラである以上、電話ネットワークが破壊行為や砲撃に弱いことは承知していると認めた。それでも、ロシア軍がウクライナの国境周辺に集結しているとの報道を見て、ネットワークの強化に最善を尽くしたと語っている。

キーウスターは、まず様々なシナリオを検討し、優先事項を洗い出した。そして、二〇二二年一月から予備の通信チャンネルの確保、ネットワーク容量の増加、データベースのバックアップ、重要な機器と倉庫のウクライナ南部や東部から西部への移管に着手したのである。それには、数百万ドル（数億円）かかったというが、こうした措置を取っておいたお陰で、戦争開始から一カ月以上経っても、基地局の九三％が機能できていたという。

もう一つ大きな問題となったのが、通信事業者へのサイバー攻撃の激化である。例えば、通信事業者「トリオラン」は軍事侵攻が始まった二月二十四日と三月九日にサイバー攻撃を受け、インターネット・サービスの提供が一時中断してしまった。ロシアからのサイバー攻撃によって、内部コンピュータの設定が初期化されてしまったためだ。しかし、トリオランはロシア軍からの爆撃が続くウクライナの第二の都市ハルキウに本社があり、社員の身に危険が及ぶため、エンジニアを現場にすぐに派遣して復旧させることができなかった。

軍事侵攻から約一カ月後の三月二十八日には、ウクライナの国営通信事業者「ウクルテレコム」を狙った大規模なサイバー攻撃が発生している。同社は、ウクライナの軍や複数の政府機関も顧客だ。六月の国家特殊通信・情報保護局の発表によると、サイバー攻撃はロシア軍の占領地域から仕掛けられていた。攻撃者は、同社の社員のアカウントを乗っ取り、それ以外の社員たちのアカウントもハッキングしようと試みていた。さらに攻撃者は、ウクルテレコムのインフラの構成を調べようとしたが、同社のサイバーセキュリティ・チームが素早く対応し、このサイバー攻撃を阻止した。

そこで、攻撃者は、ウクルテレコムの機器やサーバーを無効化し、ネットワークを乗っ取ろうと試みてきた。最初のサイバー攻撃開始から十五分後のことである。社員のアカウントのパスワードだけでなく、機器やファイアウォールのパスワードも変えようとしてきた。キリル・ホンチャロク最高情報責任者（ＣＩＯ）によると、ロシアのサイバー攻撃者が占領地域の社員のアカウントにアクセスしている。その情報を使って顧客データを盗み、内部ネットワーク情報を侵害するためだという。

そのため、ウクルテレコム側は、ウクライナ軍に間断なく通信サービスを提供するため、やむなく一般顧客への通信の制限に踏み切った。ビクトル・ゾラ国家特殊通信・情報保護局副局長は、二〇二二年七月二十九日付朝日新聞オンライン版で、「七〇％の顧客の通信が失われ、回復には二十四時間かかりました」と語っている。

インターネットの自由の監視団体「ネットブロックス」（本部・英国ロンドン）は、三月二十八日にウクルテレコムの通信量が戦前の一三％にまで下がっているとツイート。ロシアによる軍事侵攻以降、最悪の通信妨害であると指摘している。

その後もウクルテレコムへのサイバー攻撃は続いた。二〇二二年六月時点で、ホンチャロクＣＩＯは、同社が受けているサイバー攻撃が毎週平均して十回程度としている。手口としては、ウェブサイトをダウンさせようとするDoS（ドス：サービス妨害）攻撃、社員のコンピュータや同社のデジタルインフラへの侵入の執拗な試み等がある。ウクルテレコムは、不審な動きを検知するため、振る舞い検知システムを社員のコンピュータにインストールした。

また、軍事侵攻後七カ月の間に、キーウスターへのなりすましメール攻撃は三〇〇％、DDoS攻撃は二〇〇％、コンピュータウイルス攻撃は最大四〇〇％も増加した。ロシアからの攻撃は長期化し、烈度が上がったと見ており、最長で二十九時間続いたDDoS攻撃に対処したこともあったという。

戦闘地域にも敢えて残る

通信サービスの提供を続けるため、ウクライナでは戦闘地域にも通信事業者の技術者たちが残った。また、競合他社同士でも事業者間で助け合って破壊された基地局の修理を行っているという。

ウクライナ国家特殊通信・情報保護局は三月九日、通信事業者たちが身の危険を顧みず、ケーブルが破損した場所や破壊された基地局に赴き、国民が戦況を知り、家族や親族と連絡を取れるようにしてくれているのは、英雄的行為だとツイッター上で称えた。投稿された写真を見ると、ウクライナ兵士たちも技術者の身の安全確保のために同行しているようだ。

通信は、ウクライナ軍が戦い続けるためにも欠かせない。今回、米国をはじめNATO各国はウクライナに軍事支援を続けながらも、派兵しないとの立場を明確にしてきた。しかし、装備品はただ受け取って終わりではなく、整備や修理が必要だ。そのための訓練と部品もいる。だが、欧米の軍はウクライナ国内に入っての訓練ができない。

そこで米軍が思いついたのは、民間のオンラインミーティングアプリを使い、ウクライナ軍の整備担当に研修を行う方法だった。大事なのは、通信の秘匿性と接続性が担保されること、そして、前線の兵士たちの近くにまで部品が補給できることだ。

また、インターネットとの接続性の確保は、ウクライナがロシアとの情報戦を制する上でも欠かせない。ウクライナ独自の通信サービスがあってこそ、戦禍の生々しい写真や動画を世界に共有し、ゼレンスキー大統領だけでなく、市民たちもがウクライナのナラティブを伝え続けられる。

だからこそ、二〇二二年三月、ロシア軍による占領中に虐殺が起きたキーウ近郊のブチャ（ウクライナ政府は四百十人の遺体が見つかったと主張）では、アナトリー・フェドロク市長が、他の何を差し置いてでも、インターネット接続を維持するため、必死に発電機を探している。ブチャの虐殺を記録して、オンライン投稿できたことの重要性を挙げ、「これはオンライン戦争だ」と主張した。

しかしながら、ミサイル攻撃や爆撃による大規模かつ長期間の停電、光ケーブル全体の破損、個々の基地局の破壊など、民間企業では如何ともし難い事態が発生してしまう。ボーダフォン・ウクライナのオルハ・ウスティノワCEOは、ロシア軍は意図的に基地局を砲撃し、電力ケーブルを手榴弾で壊していると非難している。

キーウスターは、戦闘地域で復旧作業をする際、可能な限り遠隔での通信の切り替え作業をするようにしていたが、それが無理な場合は、攻撃の合間を縫って損傷した機器やネットワークの復旧作業を行っていたという。ただ、詳細は連絡係や支援者たちの身に危険が及ぶとして、明かさなかった。

キーウスターの技術者たちは、自分のスマートフォン上のアプリで基地局のある地域の停電の状況と発電機の燃料の量を確認するのが、毎日の日課となった。しかし、十二月になると、大雪を掻き分けて基地局に繋いだ発電機に重いディーゼル燃料入りの缶を持っていかなければならず、相当な重労働となっている。

電力不足の深刻化に伴い、二〇二二年十月時点で通信事業者たちは発電機だけでなく、ソーラーパネルも購入し始めたようだ。

その後も、通信事業者たちを取り巻く環境は厳しさを増している。同年十一月にロシア軍が電力システムに仕掛けた最大規模の攻撃では、五九％の携帯電話基地局がダウンした。年が明けると、電力不足はさらに悪化した。計画停電の結果、国内の携帯電話基地局の二五％がいずれかのタイミングで停止するようになっている。

国際電気通信連合（ＩＴＵ）は、二〇二三年一月、ウクライナ軍事侵攻以降、二〇二二年二月～八月の半年間にわたるウクライナの占領地域や戦争の影響を受けた地域における通信インフラの破壊状況について報告書を出した。それによるとロシアが、ウクラ

2022年3月9日にウクライナ国家特殊通信・情報保護局がツイートした写真。破損したケーブルを修理する通信事業者と警備にあたるウクライナ兵士たちの姿が見える。
https://twitter.com/dsszzi/status/1501659618954645508

イナの二十四の州のうち十以上の州で通信インフラを完全に破壊、または押収してしまった。ＩＴＵの見積もりでは、戦争前のレベルにまで通信インフラを復旧させるには、少なくとも十七億九千万ドル（約二千五百億円）が必要である。その後既に戦争は一年続いており、被害は一体どれだけ膨れ上がったことだろうか。

二〇二三年六月下旬、キーウスターのオレクサンドル・コマロフＣＥＯは、英国ロンドンで開催されたウクライナ復興会議に対面参加し、戦時に通信サービスを提供しつづけるための教訓と苦悩を率直に語っている。同社の複数の施設が敵の砲火に常にさらされており、ロシアとベラルーシ国境沿いの施設は、既に十回破壊され、その度に修理してきたという。

また、前年十月〜二三年一月の停電を受け、同社のネットワーク稼働レベルは最大六〇％下がってしまった。リスク管理のため、同社は、秋までに七割の施設で、二四年春までに全ての施設で蓄電池をエネルギー密度の高いリチウムイオン電池に切り替える計画である。

さらに、バックアップ用発電機の備蓄を三百から二千に増やす計画も立てた。だがそれには、大量の燃料の備蓄も必要となる。ところがそれは平時でも消防法上望ましくなく、ましてや戦時においては危険極まりない。その上、大都市ならいざ知らず、地方ではメンテナンス要員の確保もままならず、苦労は尽きないようだ。

報道では、通信事業者たちだけが「英雄」と称えられている。しかし、通信事業者の背後に、電力会社、ディーゼル燃料を供給するエネルギー企業、燃料やケーブル、通信機器を運ぶ鉄道・運輸業界、政府・自治体・軍の支えがなければ、これだけのオペレーションはできない。戦禍の中、どれだけ多くの名もなき重要インフラ関係者や軍・政府関係者たちが経済と一般市民たちの生活を支えていることか、読者の皆様も是非思いを馳せて頂ければと思う。

占領地域での暴力と脅迫

占領地域では、ロシア軍が重要インフラ企業の社員への暴力による強要とサイバー攻撃を組み合わせていると伝えられており、さらに厄介だ。

ウクルテレコムのユリー・クルマズCEOは、二〇二二年六月二十二日付ブルームバーグの取材に対し、ウクライナ南部や東部の占領地域で社員の一部がロシア側に監禁されてしまったと明かした。ロシア軍は、社員たちを脅して、ネットワーク・インフラの技術的な詳細を知ろうとしたが、情報を聞き出すことはできなかった。ロシア軍は、さらに制御盤や機器を同社のネットワークに繋げようとしたが、これも失敗に終わったと主張している。社員たちが、ウクルテレコムの施設を引き渡してしまうぐらいならと、ソフトウェアを完全に破壊してしまったからだという。

クルマズＣＥＯは、「彼らはウクライナのウェブサイトとニュースチャンネルを切断し、ロシアのプロパガンダだけを流す。それは受け入れられない。我々は絶対に屈しない」と毅然とした姿勢を示した。

ただ、ウクライナの人々がいかに一致団結し、ロシア軍と最後まで戦う意志を持っていたとしても、民間人が占領軍の脅しや暴力に最後まで抗し切れるものなのだろうか。

その筆者の疑問を裏付けたのが、翌月にＮＨＫが報じたウクルテレコムのドミトロ・ミキチュク最高技術責任者（ＣＴＯ）のコメントである。ロシア軍はヘルソンの事業所で少なくとも四人の社員を数日間拘束し、社内ネットワークへの侵入方法と制御方法を聞き出そうと暴行を繰り返した。二人の社員が重傷を負ったという。

結局、ロシア軍は、社員から情報を聞き出すことに成功。その情報を悪用して、同社のシステムに侵入し、ネットワークの管理者権限を奪って、ウクルテレコムがウクライナ全国に展開する通信網を乗っ取ろうと試みた。ところが、会社側がその動きに気付き、ネットワークを直ちに遮断したので、管理者権限を盗られなくて済んだという。

クルマズCEOとミキチュクCTOの発言には、占領軍が情報を社員から聞き出せたかどうか、ウクルテレコムのネットワークが占領軍に乗っ取られなかったのは何故かの二点において疑問がある。その理由には、いくつかの可能性が考えられる。通信手段の途絶によって本社に正しい情報が伝わりにくくなっていたのかもしれない。もしくは、ウクライナ関連の報道を注視し、今後の手立てに役立つ情報を探しているロシア軍に、ヒントを与えたくなかった可能性もあろう。

いずれにしても、戦地から出てくる情報は混乱している可能性があり、鵜呑みにしてはならないと自戒させられたニュースであった。

占領地域でロシア軍が通信インフラを乗っ取る理由

ロシア軍に二〇二二年三月以降、十一月にウクライナ軍が奪還するまで八カ月間近く占領されていたウクライナ南部のヘルソンでも、やはり通信事業者の施設に占領軍が乗り込んでいる。

同年四月三十日に通信事業者のウクルテレコム、キーウスター、ヴォリャなどの通信が一斉にダウンしてしまった。ウクライナ南部のザポリージャの一部の地域でも、同様の問題が発生している。ウクライナ国家特殊通信・情報保護局の五月十三日付のプレスリリースによると、その日の朝、ロシアの警備団を名乗る者たちがヘルソンの通信事業者「ステータス」の事務所に押し入ってきた。全ての通信機器をオフにした上で、クリミアのネットワークに繋ぎ直さなければ全ての機器を没収すると脅したという。

ビクトル・ゾラ副局長は、地元の事業者全てがそうした脅しを受け、ロシアのネットワークへの接続を余儀なくされたとしている。ヘルソンでは、通信事業者の電源が切断、ケーブルも遮断されてしまい、ウクライナの携帯電話サービス、固定電話、インターネット・サービスが使えなくなってしまった。

翌日、ヘルソンテレコム（地元ではスカイネットとして知られるインターネット事業者）の通信が復旧したが、それは、クリミアにあるロシア国営通信企業「ロステレコム」の子会社であるミランダ・メディアを経由させての措置であった。ネットブロックスが確認した。占領地域でロシアが情報をコントロール可能にし、やり取りされる通信を監視できるようにするためであろう。

また、ウクライナ最大の通信事業者「キーウスター」のコマロフCEOは、二〇二二年七月にスイスで開催されたウクライナ復興会議にオンライン登壇し、ロシア側が基地局の電源を切った上、ハードウェアを強奪したため、同社のネットワークの約一〇%が機能していないと明らかにした。また、死傷した社員の数は三千七百人、そのうち一人が死亡している。虐殺で知られるブチャでは一人が行方不明、一人がロシア軍に拘束されてしまったという（その後、一人が殺害されたと判明）。社員のうち百人が徴兵され、「一〇%近くの社員は戦闘地域近くの危険な場所におり、重要な仕事をしている」。

ウクライナ政府としては、通信事業者の社員の命を優先するとの立場だ。ビクトル・ゾラ副局長は、「ロシアの侵略者たちが通信ルートを強制的に変え、機器にアクセスしようとしている状況下において何をすべきかとの問合せをヘルソンの事業者から七件受けたが、我々としては、命のためにリスクを回避すべきとの立場である」と語っている。

ただ、占領されてしまうと、ロシア企業がウクライナの通信事業者に取って代わってしまう。露「モスクワ・タイムズ」紙は、二〇二二年六月十六日、ウクライナ東部の占領地域ではロシアの携帯通信大手「ＭＴＳ」の子会社である「＋７テレコム」が携帯電話サービスを開始し、既に二十万枚ものＳＩＭカードを配布したと報じた。ＭＴＳはロシアの新興財閥（オリガルヒ）の所有企業であり、そのネットワークはロシア政府がロシア国内の不満分子を監視し、口封じをするために長らく使ってきた監視システム「SORM」に繋がっている。

占領地域でロシアは、ITUの定めているウクライナの国名コード（＋380）を一方的にロシアの国名コード（＋7）に変えてしまった。

米スタンフォード大学情報セキュリティ協力センターのハーブ・リン上級研究員は、武力を使った通信事業者への強要という点で注目している。こうした武力を行使するタイプのサイバー攻撃は人々を怖がらせるため、より効果を上げる可能性があると分析。また、ロシア軍がウクライナの情報機器の接続を奪うのは、効果的な偽情報作戦は相手に正確な情報を与えないことだとロシア軍が認識しているからだと指摘した。

実際、占領地域では、ウクライナ発の情報を取得する上で大きな制限を受けてしまうため、家族や親戚がまだ生きているのか、ウクライナがまだ戦い続けているのかも分からなくなってしまう。そのため、占領地域をウクライナ軍が奪還するやいなや、携帯電話とインターネット・サービスの復旧にウクライナの通信事業者の技術者たちは取り掛かる。

軍事侵攻から八カ月弱で、ロシア軍に破壊または接収された基地局は四千以上、光ケーブルの長さは六万キロメートル以上に及ぶ。それでも、十月十三日時点で、七十一の基地局が再建、千二百三十二の基地局が復旧されている。

とは言え、それは命懸けの作業である。防弾チョッキとヘルメットを身につけ、ウクライナ軍に地雷を除去してもらいながら、砲撃を掻い潜って基地局と光ケーブルを修理していかなければならない。実際、ウクライナ北東のスームィ州でウクルテレコムの社員四人の乗った車が、テレビ塔の近くの道路脇に着いた途端に地雷が爆発、運転手が即死、残りが負傷したと報じられている。現場の写真を見ると、見るも無惨に全体的に黒焦げになった車が横倒しになり、周囲にはケーブルや梯子が散乱している。負傷した三人も一命を一旦は取り留めたとしても、相当の重傷を負ったのではないか。

エネルギー企業も占領地域でネットワークの乗っ取り被害に

ウクライナのエネルギー省顧問のオレクサンドル・ハルチェンコによると、二〇二二年二月までにウクライナへのサイバー攻撃の試みは前年比三倍となった。寝返った社員を使って社内の端末にコンピュータウイルスを感染させようとし、失敗した事件もあったという。

通信事業者同様、エネルギー企業でも、ウクライナの占領地域でロシア軍に施設に侵入され、そこからサイバー攻撃を仕掛けられる事例が発生した。米サイバーセキュリティ企業「レコーデッド・フューチャー」のオウンドメディア「ザ・レコード」がスクープしている。

ウクライナ国営の大手石油・天然ガス企業「ナフトガス」では、戦争開始以降、外部のサイバー脅威からの防御能力を高めるため、インターネット接続されている社内システムの境界線をしっかり守るようにしていた。それにもかかわらず、何故かワイパーが社内ネットワークに繰り返し現れるようになった。また、パスワードやログイン情報も繰り返し盗まれたのである。

どうしてこのような不思議な現象が発生しているのか、暫く理由が解明できなかった。ナフトガスのサイバーセキュリティ対策を支援した米企業「マンディアント」（現在はグーグルの傘下）のロン・バッシャー最高技術責任者（CTO）のチームがやっと気付いたのは、ロシア軍が社内ネットワークに物理的に入り込んでいるという事実だった。ウクライナ東部がロシア軍に占領された後、ナフトガスのデータセンター数カ所や地元の通信事業者、自治体も占拠されてしまい、ロシア軍が機器を社内ネットワークに繋いで、運用システムへの侵入を試みていたのである。

ここで指摘しておきたいのは、ウクライナ政府は、ナフトガスのサイバーセキュリティ体制を頼りにしており、同社は少なくとも二月中旬の時点でサイバーセンターを作って、対策強化を進めていたことだ。四月には、エネルギー省が、ウクライナの石油とガスのサイバーセキュリティを守る役割を同社のサイバーセンターに担わせたいとの要望書を大臣たちに送っており、それだけの責任を負える企業と考えられていたのだろう。

社員の命を守り、サイバー脅威の拡大を防ぐため、ナフトガスは危機対応要領を変えた。社員の住んでいる町がロシア軍に占領されたならば、上司に連絡を取り、ネットワーク・アクセスを遮断できるようにして欲しい、と指示を出したのである。ネットワークの乗っ取りを防ぐためだ。バッシャーによると、この措置を取るようになってから、不可思議な内部脅威は消えたという。

尚、ナフトガス（社員数は五万三千七百人）の二〇二一年版年次報告書（二〇二二年六月十四日に承認）には、戦争で殺された同社の社員の数は三十六名と記されている。

第五章　ロシアは失敗したのか

軍事侵攻後のロシアによる妨害型サイバー攻撃が不発だった背景

第一章で述べたように、二〇二二年の軍事侵攻前からロシアはウクライナに対する妨害型のサイバー攻撃を度々成功させてきた。そのため筆者も、軍事侵攻後すぐにウクライナの重要インフラが大規模なサイバー攻撃被害を受けるのではないかと予想していた。ところが、ロシアがワイパーやランサムウェアを使った妨害型サイバー攻撃を何度も繰り出しているにもかかわらず、被害規模が今のところかなり抑えられているのには、正直驚いた。

他国の政府高官たちも、ロシアとウクライナ間のサイバー戦の展開に驚きを隠せない。米アスペン研究所が二〇二二年十一月にニューヨークで主催したサイバー・サミットに登壇したミカ・ヨヤン米国防次官補代理（サイバー政策担当）は、「ロシアのサイバー部隊も伝統的な部隊も当初の予想を下回る成果しか上げられていないと言って差し支えないだろう」と指摘した。

ロシアのウクライナへのサイバー攻撃が思ったほど効果を発揮できていない背景には、ロシア側とウクライナ側の事情がそれぞれいくつか考えられるだろう。

ロシア側の失敗として第一に思いつくのが、戦争終結までにかかる期間と勝利に必要なサイバー攻撃の種類と回数の見積もり間違いである。前述のヨヤン米国防次官補代理は、戦争がどれだけ長く続くか、戦争の前にどれくらい時間をかけてサイバー攻撃の準備をしなければいけないかをロシアが見誤ったのではないかと考察している。

ウクライナ政府側も同様の分析をしていた。二〇二二年七月二十九日付の朝日新聞デジタルの取材で、ウクライナ国家特殊通信・情報保護局のビクトル・ゾラ副局長は、「ロシア軍はミサイルなどの通常兵器による攻撃だけで、ウクライナに容易に十分なダメージを与えられると想定し」たため、「高度なサイバー攻撃までは必要ではないと考え、長期で本格的なサイバー攻撃は準備をしていなかったのではないか」と述べた。

もしかすると、米ワシントンD.C.にある研究機関「民主主義防衛財団」のマーク・モンゴメリー上級研究員が言うように、ロシアのサイバー組織には、軍事侵攻についての情報が事前に行っておらず、サイバー攻撃の準備期間があまりなかったのかもしれない。

破壊力のあるサイバー攻撃を成功させるには、標的のシステムや脆弱性に関する情報収集からツールの作成まで、一朝一夕にはできない。例えば、ロシアがウクライナの電力網を二〇一五年に攻撃した際、準備に十九カ月、二〇一六年は二年半を要したと言われている。しかも、それだけ手の込んだ攻撃ツールを使っても、二回目以降の再利用は難しい。敵にサイバー攻撃ツールや、サーバーなどのインフラが知られ、対策が取られてしまうからだ。リサイクルすれば、効果が半減してしまう恐れがある。そのため、攻撃者の観点からすると、戦争の長期化を見越し、新種のワイパーを複数戦争前に用意しておく必要がある。だが、たとえ戦争の途中で手持ちのワイパーが枯渇しても、開発要員がいれば、時間をかければ新規ツールは作れる。

また、二〇二二年十月、ウクライナとポーランドの運輸・交通業へのサイバー攻撃が見つかったように、ランサムウェアでも業務妨害は引き起こせるため、ロシアからの妨害型サイバー攻撃には引き続き注視が必要だ。既にミサイルなどで破壊し尽くしているウクライナの重要インフラにはサイバー攻撃をする軍事的意味はないが、ウクライナの継戦能力を奪うための支援国へのサイバー攻撃はあり得るだろう。

実際、二〇二三年四月の欧米メディアの報道によると、同年二月二十五日に親ロシア派のハクティビスト集団「ザリャ」がFSB関係者に対し、カナダのとあるガスパイプラインに侵入したと主張していた。場所は不明である。

「ザリャ」はキルネットから派生した比較的新しい集団であり、ガスパイプラインへのハッキングによって、バルブの圧力の上昇、警報の無効化、ガス供給の停止ができるようになったと自慢している。だが、サイバーセキュリティの専門家たちはそのようなサイバー攻撃の成功に懐疑的であり、偽情報でロシアのサイバー攻撃能力に対する恐怖心を煽ろうとしているのではないかと分析する。

一方、英国家サイバーセキュリティセンターは、二〇二三年四月、親ロシア派のハクティビスト集団が業務妨害目的ではなく、破壊目的のサイバー攻撃にシフトしつつあるとして警戒感を露わにした。ロシアとしても、ウクライナ支援国からの更なる制裁を回避するには、情報機関や軍からそれらの国々に直接サイバー攻撃はしにくいであろう。民間のハクティビスト集団によるサイバー攻撃の動向に注意が必要だ。

第二のロシア側の失敗は、軍事侵攻前にサイバー攻撃を小出しにし、ウクライナに警戒させてしまったことだろう。軍事侵攻の一カ月半前にロシアはウクライナの政府機関のウェブサイトをダウンさせ、「最悪の事態が起きると恐れよ」とのメッセージを残したが、これでロシアはウクライナの政府機関に秘密裏にアクセスしていたことを自ら暴露してしまった。ビクトル・ゾラは、「戦争が始まるまで待って、ロシアがこのアクセスを使っていたら大惨事になっていただろう」と言っている。

ウクライナ保安庁のサイバーセキュリティ部門のトップであるイリヤ・ヴィチュクは、軍事侵攻前にロシアが複数の種類のサイバー攻撃を仕掛けてきてくれたお陰で、サイバー攻撃対応の良い予行演習となったと振り返る。

ビクトル・ゾラが指摘するように、ロシアはサイバー攻撃で圧倒的な強さを見せつけ、「サイバーでも戦場でも手段を選ばない」国だとウクライナの人々に思わせたかったのかもしれない。だが、その心理戦はかえって裏目に出てしまい、ウクライナ側が警戒を強め、防御能力を高める結果になってしまったようだ。

もう一つ可能性があるのは、ロシアが戦争当初、妨害型のサイバー攻撃の数を敢えて絞ったシナリオである。「特別軍事作戦」でミサイル攻撃ができるのに、わざわざ重要インフラの妨害をサイバー攻撃で目指す必要はない。火力による攻撃で迅速に目標が達成できるのであれば、サイバー攻撃手段は別の機会に取っておきたいとの戦略的な判断があり得よう。

ウクライナ支援国へのロシアによる報復・妨害型攻撃への懸念

戦争初期の段階からウクライナ支援国が恐れてきたシナリオは、二つある。一つは、ロシアがエネルギー危機に苦しむ世界に対し、さらにエネルギー企業への妨害型サイバー攻撃で混乱をもたらすリスクだ。もう一つは、経済制裁への報復として金融機関にサイバー攻撃を仕掛けるリスクである。

英国政府は、ウクライナへのロシアの軍事侵攻直後に素早く対応した。クワシ・クワーテン英ビジネス・エネルギー・産業戦略大臣は、軍事侵攻の翌週に、送電・ガス供給業者「ナショナル・グリッド」の会長と会談し、ロシアからのサイバー攻撃の脅威などについて急遽、話し合う運びとなった。

米連邦捜査局（FBI）は、ロシアの複数のIPアドレスから少なくとも米国のエネルギー企業五社などのネットワークをスキャンする活動が検知されたとして二〇二二年三月十八日付で警告を出した。海外の重要インフラに対して妨害的なサイバー活動を以前に行ったことのあるハッカーたちによる活動と見られ、将来の侵入に使うための脆弱性を調べるための初期段階の偵察活動と分析している。しかも、ウクライナへの軍事侵攻以降、スキャンは活発化していることから、FBIはエネルギー業界に対し、当該IPアドレスと不審な通信が行われていないか確認するよう求めた。

その三日後には、ジョー・バイデン米大統領が、「以前警告したように、ロシアは、米国が同盟国やパートナー国と一緒にロシアへ未曾有の経済的コストをかけていることへの報復として、米国にサイバー攻撃をする可能性がある。それがロシアのやり口だ。本日、現在進行中のインテリジェンスに基づき、ロシア政府がサイバー攻撃の選択肢を探っていると再び警告する」と声明を出している。そして、民間企業に対し、直ちにサイバー防御態勢の強化を求めた。

米国土安全保障省（DHS）配下のサイバーセキュリティ・インフラセキュリティ庁（CISA）のジェン・イースタリー長官は、エネルギー産業だけでなく、金融機関も注意すべき業種として指摘している。四月十七日放送の米CBSテレビのドキュメンタリー番組「60ミニッツ」に出演した際、司会者のビル・ウィテカーが「他の業種よりも懸念している業種はあるか？」と尋ねたのに対し、長官は、「エネルギー産業はロシアの作戦対象に入っていると思う。だが金融機関も、米国と同盟国が科している非常に厳しい経済制裁への報復として、ロシアからサイバー攻撃を受ける可能性があるだろう」と答えた。

それでも、戦争の最初の一年間にロシアがウクライナを支援している欧米諸国に妨害型のサイバー攻撃をそれほど行わなかったのは、何故か。レコーデッド・フューチャーのクリストファー・アールバーグCEOは、二〇一七年の「ノットペトヤ」ワイパー攻撃の教訓から、ロシアがサイバー攻撃被害の広がりを厳しく制限したせいではないかと考える。NATOの介入を避けるためでもあったろう。

但し、ロシアが二〇二三年春にウクライナ東部への攻勢をかける際、ウクライナの支援国にもサイバー攻撃を仕掛けるのではないかと米上院軍事委員会の議員たちは懸念を表している。少なくとも、アン・ニューバーガー米国家安全保障担当副補佐官（サイバー・先端技術担当）は、二〇二三年六月下旬にワシントンD.C.市内で講演した際、ウクライナの反転攻勢に合わせ、ロシアから火力とサイバー攻撃が激増していると認めた。しかし、ロシアの作戦規模や狙われているウクライナの重要インフラ業種については触れなかった。また、欧米への飛び火被害についても、本書の執筆時点では報じられていない。

米国の電力と液化天然ガス施設がダウン寸前に？

実際、米国政府は、米国のエネルギー業界の産業用制御システムの乗っ取りを狙った特注ツールを政府系ハッカーが作っていると二〇二二年四月十三日に警告を出している。サイバー攻撃を受けた際の対応計画の策定や、産業用制御システムへの多要素認証の適用を重要インフラ企業に求めた。この文書では、攻撃国や狙われているエネルギー産業の範囲は明かされていない。

しかし、この新種のコンピュータウイルスの分析に携わった米サイバーセキュリティ企業「ドラゴス」の共同創業者兼CEOのロバート・M・リーは、二〇二三年二月、十数カ所の米国の電力施設と液化天然ガス（LNG）施設が軍事侵攻から数週間の時点で、ダウンさせられる寸前までいったと記者団に明かした。このコンピュータウイルスを使うと、温度を上げ、施設を危険な状態にできるという。官民連携のお陰で二〇二二年には素早く対応できたが、今後も要注意なコンピュータウイルスだ。

尚、ヨーロッパはロシアからのエネルギー依存から脱却しようと努め、二〇二二年、米国からの液化天然ガス輸入は前年比一三七％以上増となっている。つまり、米国の液化天然ガスの重要性が高まっている最中に妨害型のコンピュータウイルスが見つかったのだ。

リーCEOは、このコンピュータウイルスを国家が作った戦時レベルの能力を持つものと評したが、国名は伏せた。しかし、米サイバーセキュリティ企業「マンディアント」のインテリジェンス分析部長は、「攻撃元を断定的に特定することはできないものの、こうした活動がロシアの従来の関心に合致しているのは間違いない」と指摘した。ただ今のところ、具体的な被害がウクライナ支援国のエネルギー企業で出たとの報告はない。二〇二二年八月三十日に、FSB系のサイバースパイ集団「トライデント・アーサ(別名、ガマレドン)」がNATO加盟国のとある大手石油精製企業に「軍事援助」という言葉を含む英語のファイル付きのなりすましメールを送っていたが、被害は出なかった。

このサイバースパイ集団は、従来、ウクライナを主な標的としてきたため、ウクライナ語のなりすましメールを使うことが多かった。しかし、戦争が始まってからは、英語の囮文書も活用するようになってきており、NATO加盟国のインテリジェンス収集活動もしているようだ。

同年十二月、ロブ・ジョイスNSAサイバーセキュリティ局長は、ロシアが世界のエネルギー産業へサイバー攻撃を仕掛けてくるかもしれないと警告している。戦争の長期化で、ロシアが事態の打開を図るために新たな手口を使ってくるかもしれないと懸念しているようだ。

インテリジェンス収集のためのサイバースパイ活動は、重要インフラ事業者の業務継続上、直ちには脅威にはならない。だが、収集した情報を悪用して、サイバー攻撃の侵入経路を割り出し、業務妨害のためのサイバー攻撃をしてくる恐れはあるだろう。

金融業界においても、具体的な脅威が見つかったとの報道は今のところ出ていない。ただそれは、米国政府が今まで以上に国内外の金融機関への情報共有を増やし、大手国際金融機関は軍事侵攻前からサイバー攻撃に備えを固めてきたのが現時点で功を奏しているる可能性もあるのではないか。

例えば、二〇二二年二月二十六日、ウクライナに侵攻したロシアに対し、米国と欧州連合（EU）が国際決済ネットワークのSWIFTからロシアの一部銀行を排除する旨合意した。その措置が取られる前から、欧米では金融機関がロシアからのランサムウェア攻撃やデータの削除、ウェブサイトをダウンさせるDoS攻撃などによる報復を懸念し、自社ネットワーク監視の強化、サイバーセキュリティ担当者の増員、あり得るシナリオでのサイバー演習の実施を行なってきたという。

　戦争から一年経ってもロシアがウクライナ国外への妨害型サイバー攻撃をほとんどしていないのは、ジェン・イースタリーCISA長官が指摘するように、ロシアも事態のエスカレーションを懸念しているのかもしれない。ただその場合、電力施設と液化天然ガス施設十数カ所を狙ったコンピュータウイルスが、米国で検知されているのが気になる。どこまで烈度の高い妨害型サイバー攻撃を避け、NATOを戦争に巻き込まないようにしているのか、よく分からない。

　ただ、ロシアの今までの高いサイバー攻撃能力を考えると、今後もウクライナ支援国への妨害型のサイバー攻撃はあまりないと油断するのは禁物だ。米グーグルが二〇二三年二月に出した報告書では、「ロシア政府は、（部隊の喪失、外国が政治的・軍事的支援を新たに約束などで）戦況がウクライナに有利に傾いたと思えば、妨害・破壊型の攻撃を増やす可能性が非常に高い。そうした攻撃では主にウクライナを狙うだろうが、NATO加盟国にも広がるだろう」と警鐘を鳴らしている。

　さらに米マイクロソフトの同年三月の報告書でも、「ロシア軍の後退が続けば、ウクライナやポーランド以外にも軍事・人道上の供給網を標的とした破壊型の攻撃をする可能性がある」と指摘した。その他にも、ウクライナの味方をしている国々の軍事支援や政治判断を理解するためのサイバースパイ活動や、NATO・EUの支援を邪魔するための影響工作も考えられるという。

制裁で供給が止まった技術の開発のためにサイバースパイ？

経済安全保障の観点から、ロシアのサイバースパイ活動にも留意が必要だ。フィンランド情報機関の安全保障情報庁（SUPO）は、二〇二二年九月末に国家安全保障概観二〇二二を出し、ロシアが欧米諸国に従来頼っていたハイテク技術が制裁のため輸入できなくなってしまったため、ハイテク産業を立ち上げる必要があり、ロシアによる経済スパイ活動の脅威が高まっている、と指摘した。

経済スパイ活動の手段としては、スパイによるインテリジェンス収集活動とサイバー攻撃の二種類がある。だが、ウクライナへの軍事侵攻後、多くのロシア人外交官が西側諸国から追放されたため、外交官の身分を隠れ蓑にしてのインテリジェンス収集が難しくなっているとSUPOは分析している。よって、サイバー攻撃をスパイ活動のために使う可能性が非常に高いという。

同年六月三十日、プーチン大統領がロシア対外情報庁（ＳＶＲ）向け演説の中で、旧ソ連の情報機関が国内産業や科学技術の発展においてかけがえのない支援を冷戦中の母国にしたと褒め称える一方、西側諸国がウクライナを利用してロシアを封じ込め、ロシアが必要とする発展を許そうとしないと主張した。その上で、ロシアに制裁が科せられている今、現在のＳＶＲの最優先事項の一つが、ロシアの産業と技術の発展を支援することだとＳＶＲの職員たちに語りかけている。

英大手シンクタンクの王立国際問題研究所（チャタムハウス）のロシアの専門家であるキーア・ジャイルズ研究員は、ザ・レコードの取材で、「（欧米の企業がこうしたスパイ活動に対して）既に十分に警戒態勢をとっていなかったとしたら、驚きであり、心配になってしまう」と警告している。

とは言え、技術情報を盗めたとしても、実際に製造・販売できるようになるまでには長期間を要するだろう。そのため、経済スパイ活動だけでなく、制裁を迂回しての製品入手を試みる可能性にも備えるべきだ。

例えば、ロシアへの制裁項目に入っているのが、半導体である。半導体を使うマイクロエレクトロニクス（超小型電子技術）産業について、二〇二二年九月の露紙「コメルサント」によると、ロシアの経済開発貿易省は、ロシアが世界から十〜十五年遅れていると認めている。ロシアが外国の技術と製造に依存し、しかも深刻な人手不足であるため、一から立ち上げるしかないとまで政策文書案で書いていたようだ。

その半年後、二〇二三年三月四日付ブルームバーグは、ロシアがトルコやアラブ首長国連邦、カザフスタン経由で半導体や集積回路を輸入していると報じている。

米国はウクライナと共に、制裁回避をしようとしているロシアのオリガルヒを見つけるための協力を始めた。同年五月十一日、米国内国歳入庁犯罪捜査チームと米ブロックチェーン分析企業「チェイナリシス」は、複数のブロックチェーン分析ツールをウクライナ政府機関に無償提供したと発表した。ウクライナの国家警察、経済安全保障局、保安庁のサイバーセキュリティ部門、検事総長室の捜査担当者たち約二十人がドイツで同日始まった研修に数日間参加し、ブロックチェーンと暗号通貨の追跡技術について詳しく学んでいる。

ただ、二〇二三年一月以降、米マイクロソフトは、ロシアがウクライナに対する支援国へのサイバースパイ活動を増加させているのは確認している。今のところ、経済スパイ目的ではなさそうであるが、注意は必要だろう。

今後は、ウクライナの厭戦気分を高めるための攻撃継続か

ウクライナ保安庁のイリヤ・ヴィチュク・サイバーセキュリティ部門長が二〇二二年十二月にウクライナのメディアに語ったところによると、同部門が二〇二二年に被害を無力化したサイバー攻撃の数は、四千五百回以上にも及ぶ。ロシアのサイバー攻撃の手口は、以前からあまり変わっていないものの、最近はエネルギー、通信、運輸、軍事、政府のデータベース、心理戦を行うのに役立つ情報リソースを攻撃するようになってきているという。

米マイクロソフトが二〇二二年十一月に出した「マイクロソフト・デジタル防御報告書」も、標的に関するウクライナ政府の見解と類似点が多い。軍事侵攻後、ウクライナで最も狙われた業種は政府（二七％）、ＩＴ（一〇％）、メディア（九％）、エネルギー（八％）、交通（七％）、通信（七％）、金融（五％）である。

ユニセフの報告書では、ウクライナ都市部において最も心配されているのが、身の安全、交通、燃料補給、食料、医療、金融サービスへのアクセスの制限である。火力やサイバー攻撃でこうしたサービスが使えなくなれば、ウクライナ国民の士気にも影響して

くるだろう。

ＮＴＴデータの新井悠エグゼクティブセキュリティアナリストは、二〇二三年二月十八日付産経新聞オンライン版の取材に対し、「金融機関への攻撃が繰り返され、一番の問題になっている。市民の士気にかかわるのでウクライナ政府は詳細には言及していないが、金融機関が攻撃を受けるとオンラインの決済や振り込みなどの手続きへの影響が大きい」と指摘している。

実際、ロシアは、ウクライナで厭戦気分を高めるためか、二〇二二年秋から砲撃でもエネルギー施設を狙い撃ちにし始めた。ウクライナのデニス・シュミハリ首相は、ロシアの度重なるミサイル攻撃により、十一月十八日時点でウクライナのエネルギー・システムの半分近くが稼働停止していると認めている。

厳しいエネルギー事情の中、計画停電が続き、同年十二月時点で、ウクライナの通信事業者の基地局は平均して二五％が常にダウンしている状態だ。

加えて徴兵のため、通信事業者では人手不足が深刻化している。十二月、ウクライナ第三位の携帯電話事業者「ライフセル」のイスメット・ヤジーチＣＥＯ自らが現場に赴き、基地局に発電機を繫いで充電しなければならなくなった。

しかも、ロシアはウクライナのエネルギー施設への砲撃と並行して、サイバー攻撃も仕掛けている。十月以降、エネルギー産業への大規模なサイバー攻撃が数百回も観測された。そのうち少なくとも三十回はかなり深刻な攻撃で、成功していれば、停電やオブレネルゴ配電会社のデジタルインフラの破壊を引き起こしかねなかった。幸い、どのサイバー攻撃も十二月時点で成功していないとのことである。

ただ、二〇二三年五月時点で、エネルギー業種へのサイバー攻撃が増えている。サイバースパイ活動も活発化したため、ウクライナ政府は、ワイパー攻撃の前段階ではないかと警戒した。

また、マイクロソフトは、二〇二二年後半、ロシア軍の情報部門のハッカーがミサイル攻撃とリンクした動きをしていた点に注目している。ウクライナのエネルギー、水道などの重要インフラ企業のネットワークにワイパー攻撃を行うと共に、ウクライナ中の電力や水道にミサイル攻撃を行った。

同年十月には、ロシア連邦軍参謀本部情報総局のハッカーが「プレスティージ」と呼ばれる新種のランサムウェアを使って、サイバー攻撃をウクライナとポーランドの運輸・交通業に仕掛けている。マイクロソフトは、ロシアがウクライナの国外にサイバー攻撃を広げ、ウクライナにとって必要不可欠な支援や武器を提供している国や企業を狙う前触れかもしれないと警告を発した。ポーランドの運輸・交通業への火力による攻撃は、さすがにNATO加盟国への直接攻撃となるため、サイバー攻撃のみに抑えたのだろう。

ロシア軍は、ウクライナの鉄道に対して火力による攻撃も行っている。ロシア軍の砲撃の権限を持つ作戦司令部とサイバー攻撃部門との作戦上の連携がとれていたのかもしれない。そうであれば、作戦指揮系統上、両者の連携のため、指揮組織、権限の設定と付与がどうなっていたか注目に値する。

また、ウクライナ政府は、同年十一月、ロシアのハッカー集団「From Russia with Love（ロシアから愛を込めて）」がウクライナの複数の組織に対し、新種のランサムウェア「ソムニア」で攻撃していると発表した。身代金を要求せず、業務妨害を目的とした攻撃のようだ。ウクライナ政府は、どの業種で被害が出ているのか明らかにしていない。

エストニアの情報機関は、二〇二三年二月に出した年次報告書「国際安全保障とエストニア二〇二三」で興味深い分析をしている。ロシアのサイバー攻撃は、ロシア軍と同様、消耗戦を狙っているというのだ。ウクライナのサイバー防衛担当者たちを疲労困憊させ、士気を下げるのに、サイバー攻撃で毎回成功する必要はない。ただ、ウクライナ側が入手と時間を費やして、サイバー攻撃の被害規模を確認し、防御能力向上を模索し続けさせれば良い。

今後も電力やエネルギーを狙ったサイバー攻撃に注意が必要だ。ウクライナへの国際エネルギー支援にサイバーセキュリティ協力も組み込むことが不可欠となる。米国政府はその点を重々承知しており、二〇二二年十一月末に発表したウクライナへのエネルギー安全保障支援には、詳細は不明だが、サイバーセキュリティ協力も含まれている。

ロシアによるウクライナの重要インフラへの妨害型サイバー攻撃は、今のところ、それほど成功はしていないかもしれない。ここで留意しなければならないのは、二点ある。

一つには、ロシア軍や情報機関のハッカーたちは、他の機関よりも戦争で役に立っているとプーチンに成果をアピールするために、サイバー攻撃を続ける可能性があることだ。

二つ目は、ロシアと欧米諸国がサイバー攻撃の成功を同じ尺度で測っているかどうか分からない点である。欧米の政府高官筋は、CNNの取材に対し、「ロシアがサイバー空間における成功を個々の攻撃だけで測っているとは思えず」、むしろウクライナを消耗させることを狙った「累積効果」を見ているのではないか、と指摘した。先のエストニア情報機関の分析と同様である。

第六章　発信力で勝ち取った国際支援

何度も痛い目に遭わされたが故に

ウクライナはロシアに何度も痛い目に遭わされ、ロシアのサイバー攻撃の手口を学ぶ機会が多かった。その教訓はウクライナにとって強みとなり、サイバーセキュリティ対策の強化が進んできた。

国家特殊通信・情報保護局のユーリ・シチホリ局長は、「（二〇一七年のノットペトヤ攻撃の後、）ロシアが二、三年静かにしていた。そのため、ウクライナへの更なる攻撃を準備しているのだろうと気付き、その時間を使って攻撃に備えた」としている。ウクライナは、ロシアのサイバー攻撃とハッカー集団のデータベースを作り、サイバー攻撃の被害防止に役立てていった。

さらに、ウクライナのサイバー防御力向上におけるキーワードは、レジリエンス（抗堪性）だ。全てのサイバー攻撃者からのネットワーク侵入の試みを防ぐことは不可能である以上、早期の侵入検知と対応、業務復旧のバランスの取れたしなやかな防御態勢が必須だ。クリス・イングリス米国家サイバー長官は、二〇二二年八月にラスベガスで開催された国際サイバーセキュリティ会議「デフコン」で講演した際、ウクライナの強固なレジリエンスが奏効したと賞賛した。

また、フェドロフ副首相は、ラジオ・フリー・ヨーロッパの二〇二三年二月四日の取材に対し、「軍事侵攻の三～四カ月前から、我々のハッカー・チームが一日二十四時間、一週間七日態勢で我が国の組織に攻撃を仕掛けたお陰で（サイバーセキュリティ体制が見直せ）、エネルギー産業や政府のポータルやサービスへの多くの重大なサイバー攻撃を防げた」と明かした。攻撃者の視点に立ってサイバー攻撃を自分たちに向けて仕掛け、脆弱な箇所がないか探す倫理的ハッカー集団「レッド・チーム」を活用したのだろう。「レッド・チーム」の視点を使えば、実際にサイバー攻撃で被害を出してしまう前に防御力を高められる利点がある。

これらの事例から、ウクライナ政府と重要インフラ企業のサイバーセキュリティ関係者がロシアからの脅威を予測し、危険への感度が鋭かったのは間違いないと言える。

一方、戦争中という特殊な状況下において、ウクライナが全てのサイバー攻撃被害を公表するはずがないことは忘れてはならない。ウクライナが戦いを続けていくためには、ロシアがサイバー攻撃の成果を把握してしまうような情報、ウクライナのサイバー防御態勢の脆弱な箇所を暴露してしまうような情報は、少なくとも戦争が終結するまで伏せるはずだ。

米サイバーセキュリティ企業「クラウドストライク」の創業者ドミトリ・アルペロヴィッチも、「ウクライナは、ほとんどの攻撃を公開していない。全ての攻撃が成功している訳ではないが、成功した攻撃があっても、多くは秘されたままになっている。ウクライナ側は攻撃の一部が成功していると認め、それは勿論、ロシアのプロパガンダを勝利させたくないからだ」と分析している。

各国政府からの国際支援

ウクライナ独自の努力もさることながら、大規模な国際支援も見逃せない。米シンクタンク「カーネギー国際平和基金」のジョン・ベイトマン上級研究員（米国防情報局の元アナリスト）は、二〇二二年十二月、「ロシアの軍事侵攻が明らかにしたサイバー戦の未来」と題した討論において、今回の戦争でロシアのサイバー攻撃があまり成功を収められていない理由をいくつか挙げている。興味深いのは、世界で最も能力の高い企業や政府からの未曾有のレベルでのサイバー支援について触れていることだ。

英国は、軍事侵攻後いち早く反応した。英国家サイバーセキュリティセンターは軍事侵攻開始から数日後には、ウクライナの重要インフラと重要なサービスをサイバー攻撃から守るため、六百三十五万ポンド（十億円強）の支援を拠出した。サイバー攻撃被害後の対応の支援、ファイアウォールやDDoS攻撃からの防御策の提供などが含まれる。

さらに英軍は、ウクライナへの軍事支援の一環として、オーストラリア、オランダ、カナダ、スウェーデン、デンマーク、ニュージーランド、ノルウェー、フィンランド、リトアニアの軍と共に、基礎軍事訓練をウクライナ軍の新兵約二千人に五週間実施した。二〇二二年六月末から英国内の四カ所で始まった訓練では、武器の使い方や応急処置の他、サイバーセキュリティの基礎知識も教えたとのことだ。

二〇二三年六月、英国政府はウクライナの反転攻勢を後押ししようと、ロシアからのサイバー攻撃を検知・対応し、重要インフラを守るためのサービスの導入支援を決めた。最大二千五百万ポンド（四十五億円強）の支援拡大を発表している。

二〇〇七年にロシアから国家機能が麻痺するほどの大規模なサイバー攻撃を受けたエストニアも、今までのロシアによるサイバー攻撃から得た知見を使って、配電所や衛星などのウクライナの重要インフラのサイバー攻撃からの防御を支援している。エストニアの情報セキュリティ庁が情報共有を含め、ウクライナ連携の窓口となった。

ドイツ政府も、二〇二二年十一月にウクライナ支援のため十億ユーロ（約千五百億円）の拠出を決めたが、ロシアからのサイバー攻撃への防御対策も含まれていたとのことだ。

欧州連合（EU）としてもウクライナを支えている。ウルズラ・フォンデアライエン欧州委員長とEUのジョセップ・ボレル外交安全保障上級代表の二〇二二年四月八日のキーウ訪問に合わせ、欧州議会は、同日、ウクライナに対し、一億二千万ユーロの支援を発表した。民間人の保護の他、サイバーセキュリティ上の支援も含まれている。

EUは繰り返し多額の支援をしている。二〇二二年九月末時点で、ウクライナのサイバーとデジタルの堅牢性強化のために二千九百万ユーロもの支援を提供した。そのうちの一千万ユーロは、サイバーセキュリティ機器やソフトウェア用である。

EUは、加えて同年十二月にキーウでサイバーラボをお披露目し、ウクライナ軍のサイバー防衛担当者たちが、バーチャル上でサイバー攻撃による情報システムへの侵入の検知、対処などのシミュレーションができるようにした。また、バーチャル環境を使って、ストレスの高い状況下で様々なネットワークシステムの脆弱性を見つける訓練も可能となる。

公開情報を見る限り、最も長期にわたってウクライナのサイバーセキュリティを支援してきたのは米国だ。二〇一五年と二〇一六年のロシアによるウクライナの電力へのサイバー攻撃後、米国政府は早くもウクライナの重要インフラのレジリエンス向上のため支援を開始した。前述のように、米サイバーコマンドの部隊は、二〇一八年にキーウを訪れている。

アン・ニューバーガー国家安全保障担当副補佐官（サイバー・先端技術担当）によると、時期は不明であるが、米サイバーコマンドやエネルギー省のチームを派遣し、ウクライナと緊密に連携して、サイバー攻撃の手口について情報共有をしているという。

民間企業からの支援

ただ、政府の支援だけでは足りない。二〇二二年十二月四日付時事通信の取材でマート・ノーマＮＡＴＯサイバー防衛協力センター所長（在エストニア・タリン）が指摘しているように、「サイバー空間は陸海空など他の領域と異なり、すべてが人工的に作られている」以上、ITシステムを開発・運営する企業の協力や情報提供が非常に大切となるからだ。

ビクトル・ゾラ国家特殊通信・情報保護局副局長は、ウクライナで広く使われているスロバキアのサイバーセキュリティ企業「ESET」と米マイクロソフト社の支援が特に重要だったと述べている。

ESET社は、軍事侵攻直後の三月八日、ロシアとベラルーシでの新規販売の停止、ウクライナの顧客全てに対する製品の無償アップグレード、ライセンス契約の無償延長を発表した。それだけでなく、ロシアからのサイバー攻撃の分析とタイムリーな警告とでウクライナを助けてきた。

ロシア連邦軍参謀本部情報総局（GRU）のハッカー集団「サンドワーム」が二〇一六年十二月、サイバー攻撃でキーウの大規模停電を引き起こした後、使われたコンピュータウイルス「インダストロイヤー」を見つけて分析したのがESETである。

この「サンドワーム」は、ロシアの軍事侵攻から一カ月後の三月二十三日、ウクライナの高圧変電所を狙って「インダストロイヤー」の更新版を作り、四月八日の実行を計画していた。それだけでなく、ワイパーもウクライナ国内にばら撒いており、ウクライナ側がサイバー攻撃被害に気付いても対応を遅らせようと企んでいたようだ。ＥＳＥＴの通報を受けてウクライナ政府が迅速に動いていなければ、二百万人以上が停電被害に遭っていた可能性がある。

欧米の大手ＩＴ企業の多くは、軍事侵攻以降、直ちにロシアからの撤退を決定した。米アップル社はロシア内での全販売の停止を三月一日に、米ＩＴ大手のオラクルもロシア内での全事業の停止、独ＩＴ大手のＳＡＰもロシア内での全販売の停止を三月二日に発表している。

米マイクロソフト社は、三月四日、ロシアでの製品・サービスの新規販売停止、ウクライナへの人道・救済支援、ウクライナ国内外でのスカイプ無料通話提供の二週間延長を発表している。さらに、ウクライナ政府のＩＴシステムのサイバー攻撃被害を最小化するため、ＩＴシステムの脆弱性情報を調べて同政府に提供していたという。

同社は、十一月三日、軍事侵攻以降、ウクライナに提供した技術支援の総額は四億ドル（約五百六十億円）を超えていると明らかにし、翌年も約一億ドル相当の支援を無償で継続すると約束した。具体的な支援内容としては、クラウドへの移行、ウクライナのサイバー防御、ウクライナや欧州連合（EU）域内で活動する非営利・人道支援団体の支援、ウクライナ国民への戦争犯罪を調べている国際組織へのデータ提供などが含まれる。

こういった欧米の大手IT企業によるIT・サイバーセキュリティ製品やサービス、サイバー攻撃情報のウクライナへの無償提供、ロシアからの撤退は、二つの意味を持つだろう。第一に、ウクライナが、IT・サイバーセキュリティ能力をロシアよりも相対的に向上させやすい環境となった。

英デイリー・テレグラフ紙は、こうした欧米の大手IT企業の支援のお陰でロシアがサイバー攻撃しづらくなっており、攻撃の数を減らす上で大きな役割を果たしていると指摘する。CERT - UA の発表によると、軍事侵攻のあった二〇二二年二月だけでロシアからウクライナへのサイバー攻撃が二百九十回あったのに対し、八月までに数は月当たり百四十回くらいまで半減した。

第二に、米IT企業「インフィニトリー・ヴァーチャル」のサイバーセキュリティ専門家のアレックス・アータモノフが指摘するように、大手IT企業の撤退によってロシアが脆弱になる恐れがある。「（IT製品やサービスの）ライセンス契約が切れても更新されず、アプリは動かなくなり、故障したハードウェアは交換されず、新しい機材が入れられ」なくなるかもしれないからだ。

ただ、ロシアは制裁を回避して半導体をトルコやアラブ首長国連邦などから輸入しているとの報道もあることから、ＩＴ製品やサービスも何らかの手法で入手を試みている可能性はあろう。

例えば、米非営利団体「OpenAI」が二〇二二年十一月にChatGPT（利用者が入力した質問に対し、人間のように自然な対話形式で回答してくれるチャットサービス）を公開すると、ロシアのサイバー犯罪者たちが早速関心を示した。現時点では、ChatGPTはロシアからアクセスできない。二〇二三年一月のイスラエルのサイバーセキュリティ企業「チェック・ポイント」の調査によると、ロシアのサイバー犯罪者たちはChatGPTの利用地域制限を如何に迂回するかについてオンライン上のハッカー・フォーラムで議論している。

他方、民間企業が紛争の当事国を支援すれば、攻撃に巻き込まれる恐れがあると指摘する人々もいる。赤十字国際委員会のマウロ・ヴィニャティ顧問は、紛争に直接参加しているとの誤解を避け、自社と社員が紛争に巻き込まれないようにするには、紛争時にして良い支援としてはならない支援を社員にまず明示すべきだと考える。支援を提供するにしても、どのような支援なのか公にするべきだという。

スターリンクの重要インフラ防御と軍事における活用

ロシアによる軍事侵攻に伴う物理・サイバー面での通信網への大規模な妨害を受け、フェドロフ副首相は、軍事侵攻から二日後の二〇二二年二月二十六日、スペースXのイーロン・マスク創業者兼CEOに対し、衛星通信サービス「スターリンク」のウクライナへの提供をツイートで要請した。その僅か十時間半後にイーロン・マスクがツイートで返信し、スターリンクのサービスがウクライナで開始されたこと、そして追加のアンテナがウクライナに向かっていると明らかにしている。

誤解が多いようだが、このスターリンクのサービス提供は、ツイッター上のやりとりだけで決まった訳ではない。背後には、数カ月にわたる交渉があった。

ワイアード誌によると、ウクライナのデジタル転換省は、地方におけるインターネット接続性を向上させるため、戦争開始の数カ月前にスターリンクの提供をスペースXへ打診していた。スペースXの幹部は、二月下旬のサービス開始についてフェドロフ副首相と話をしていたところだった。

また、米国政府からの支援も見逃せない。三月上旬に米国際開発庁（USAID）は、スターリンク・アンテナのウクライナへの輸送支援に関する調整をスペースXと開始した。同庁は、五千台のポーランドへの輸送費用を負担した他、ウクライナ政府と越境輸送について調整したのである。約一千万ドル（約十四億円）相当の三千六百六十七台はスペースXが直接寄付し、同庁は残りの千三百三十三台を購入している。

米国際開発庁は、「プーチンの残虐な軍事侵攻によって、ウクライナの光ファイバーや携帯電話通信インフラが切断されたとしても」、スターリンクのアンテナがあれば、ウクライナで「無制限かつ遅延のないデータ接続」が可能となり、政府も市民も通信を使えるようになるとスターリンク導入の意義を説明した。

こうした支援によって、ウクライナでのスターリンクの利用者数は一日当たり約十五万人（五月二日付のフェドロフ副首相のツイート）に達した。スペースX社が、軍事侵攻後にウクライナに送ったスターリンク端末の数は一万五千台に上っている（六月五日付のマスクCEOのツイート）という。

スターリンクは、ウクライナの重要インフラ事業者や政府、軍から重宝されるようになった。ロシア軍からの攻撃で通信インフラがダウンしてしまった地域では、地元の通信事業者がスターリンクを使って通信サービスの復旧を行った。また、ウクライナ厚生省とデジタル転換省の協力のもと、医療機関にも少なくとも五百九十台が送られ、戦闘中に通信がたとえダウンしたとしても、医療が続けられるようにした。

通信は、ウクライナの情報戦でも欠かせない。米ポリティコ紙によれば、ゼレンスキー大統領がソーシャルメディア上で最新情報を共有するのも、ジョー・バイデン米大統領やエマニュエル・マクロン仏大統領など世界の指導者たちとのZoom打ち合わせも、スターリンクのお陰だという。さらに、二〇二二年五月のロシア軍による制圧まで、ウクライナ南東部のマリウポリでウクライナ軍とアゾフ大隊が徹底抗戦の拠点としていたアゾフスタリ製鉄所において、最後までキーウと世界と交信を続けられたのも、スターリンクあってこそだった。

実際、ゼレンスキー大統領は六月二日付ワイアード誌の独占取材で、スターリンクで通信接続が可能になっているからこそ偽情報と戦えるとして感謝の意を示している。ロシア軍の占領地域から脱出した人々の話では、占領地域で完全に通信手段を失ってしまうと、ウクライナがもう存在しないとのロシア側の作り話を信じ込まされてしまいがちになる。

ウクライナ軍がスターリンクをどれくらい活用しているのかとのワイアード誌の問い

に対し、フェドロフ副首相は「多くは民用の目的で使われている」と答えるにとどめ、規模は明らかにしていない。スペースXは、戦場でもスターリンクのサービスが使えるようファームウェアを改良し、端末を車のシガーライターで充電できるようにした。

また、通信状況の悪い地域において、ウクライナ軍のドローン部隊はスターリンクを使って戦場用データベースに接続してターゲティングを行い、ロシア軍に対戦車弾を落とせるようになったという。ウクライナ軍がスターリンクに接続させた偵察用のドローンを使い、ターゲティング情報を砲兵部隊に送っているとの報道もある。

スターリンク軍事利用の突然の停止と広がる困惑

二〇二二年九月、スペースXの政府担当の営業部長は、これ以上のスターリンクの費用負担は続けられないとの書簡を米国防総省に送った。経費が、年内に一億二千万ドル（約百七十億円）以上、二〇二三年には四億ドル（約五百六十億円）近くに達するという。

この書簡では、スターリンクの端末を追加でウクライナ軍に提供してほしいとのヴァレリー・ザルジニー総司令官の七月のイーロン・マスク宛書簡も含まれていた。同司令官は、ウクライナ軍が四千台のスターリンクの端末を使っているが、毎月、戦闘で約五百台が破壊されていると説明、ウクライナ軍と情報機関用に追加の六千二百台、破壊分を相殺するために月当たり五百台の提供を頼んでいる。

スペースXの営業部長は「ウクライナへの端末の寄付や既存の端末の資金提供を永久に続けられる立場に我々はもはやない」と書簡でキッパリと断言した。

十月七日付のマスクのツイートによると、ウクライナへの支援のために同社が負担した費用は八千万ドルに達し、年末には一億ドルを超える見込みだ。また、十月十三日のツイートでは、スペースXが、衛星や地上局の製造、打ち上げ、維持、補充、通信会社へのインターネットアクセスに対する支払い、サイバー攻撃やジャミングからの防御などで、毎月二千万ドル近くがかかっていると主張している。

CNNが十月十四日にスペースXからの書簡について最初に報じた後、同社の対応への批判が噴出した。米国防総省のサブリナ・シン報道官は、CNNがスクープを出した日の夜、スターリンクの支払いについてスペースXと協議中であると認めた。一方で、ウクライナ軍の戦場での通信を支援する上でスペースXだけが唯一の選択肢ではないとも強調している。

ところが翌日、マスクはころっと方針転換した。「もうどうなってもいい……スターリンクは損をし、他社は十数万ドルを税金から得ているが、我々はウクライナ政府への無償支援を続けるだけだ」とツイートしたのである。

だが、十月八日付英フィナンシャル・タイムズ紙によると、ロシア軍の占領から領土を奪還しようとウクライナ軍が戦う中、スターリンク端末の一部がここ数週間、前線でダウンしてしまい、戦いを進める上で支障を来すようになった。通信障害がひどいのは南部のヘルソンとザポリージャであるが、東部のハルキウの前線でも発生しているという。通信が繋がらなくなった兵士たちは、パニックに陥った。

ただ、フィナンシャル・タイムズが取材したウクライナ軍関係者二人は、十月初め、最近解放された東部のイジュームとヘルソンではスターリンクが機能していると証言している。

スターリンクのシステムをウクライナ軍に寄付したことのあるサービー・プリトゥーラ慈善基金のローマン・シニシンは、通信がごく最近解放された地域で可能であることに着目した。領土奪還の事実が公表されていないため、ロシア軍によるスターリンクの悪用を防ごうとしてスペースXが取った措置ではないかと見る。

さらに米CNNも、ウクライナ軍使用のスターリンク衛星通信端末千三百台が二〇二二年十月二十四日から少なくとも十一月四日まで接続不能になってしまったと十一月四日に報じた。ウクライナが三月に英国企業から購入し、戦闘に使ってきた端末の接続が、資金不足のため切断されてしまったという。

スペースX社は、ウクライナ軍に対し、この千三百台の接続維持のために、一台当たり月二千五百ドルの料金を請求しており、九月までの総額は二千万ドル近くに上る。最終的には支払いの継続が不可能になる可能性があるという。

二〇二三年一月三十一日、マスクは突然、長距離ドローン使用のためのスターリンクの使用を許さないとツイートした。その一週間後の二月八日、ワシントンD.C.の米連邦航空局の会議に参加したスペースXのグウィン・ショットウェル最高執行責任者（COO）は、同社がウクライナの自由への戦いを支援できて嬉しく思うとしつつも、ウクライナ軍が攻撃目的でスターリンクを使うことが合意に反すると仄めかした。そして、ウクライナ軍がスターリンクをドローン操縦に使う「能力の制限」を示唆している。記者団が攻撃目的での利用を予期していなかったのか尋ねたところ、「我々は考えていなかった」と答えた。

この手のひら返しは、戦時下の官民連携のあり方に一石を投じた。ジェームズ・ディッキンソン米宇宙軍司令官は、同年三月九日の米上院軍事委員会の公聴会で、「(スペースXがサービス提供の制限を決定したことにより、)民間のサービス事業者とその顧客や利用者間で共通の理解を持つことの重要性が明らかになった」と述べている。戦時下においては、宇宙産業に限らず、軍が民間サービスを使う際に初めからガイドラインを明示すべきであると指摘した。

二十八歳のデジタル転換大臣

ウクライナが軍事侵攻直後から欧米の大手ハイテク企業の支援を取り付ける上で、大きな役割を果たしたのがミハイロ・フェドロフだ。

二〇一九年のウクライナの大統領選挙で、ウォロディミル・ゼレンスキー候補(当時)の革新的なオンラインキャンペーンを手伝い、地滑り的大勝利の立役者となったミハイロ・フェドロフは、二〇一九年八月に史上最年少(二十八歳)で副首相兼デジタル転換大臣に就任した。デジタル転換省は、ゼレンスキー大統領が作った役所であり、ロシアの軍事侵攻前は、約二百五十人のデジタル転換省の大臣として、ウクライナ国内のインターネットの普及、パスポート申請手続きのデジタル化、ハイテク企業の誘致に力を入れていた。

また、二〇二一年九月には、ゼレンスキー大統領とフェドロフ副首相は米西海岸のシリコンバレーにある大手IT企業を訪問した。米アップル社のティム・クックCEOに面会して、ウクライナ国内でのアップルストア開設やアップルのデータセンター建設について話し合った他、アマゾン社、フェイスブック社（現メタ）、グーグル社の幹部にも会っている。

こうしたトップ間の関係作りを戦争前にできていたのは、ウクライナがIT産業の育成に力を入れていたことと無関係ではないだろう。二〇二一年にウクライナのIT産業の輸出額は、五十億ドルからなんと三六％増の六十八億ドルにまで急成長している。

また、フェドロフは、軍事侵攻後、自身のオンライン・マーケティングのスキルを存分に活かし、大手企業からの協力を取り付けるべく、ソーシャルメディア上での呼びかけを積極的に行った。その際、戦前に作っていたトップ間の人的繋がりが役立っている。

二〇二二年三月三十日付の米ワシントン・ポスト紙によると、ハイテク企業との交渉を迅速に行うため、フェドロフは、デジタル転換省をプライオリティ別に細かくチームに分けた。同省は、軍事侵攻から僅か一カ月余りの間に、フェドロフの署名入りの要請書簡を四千通以上、中国の大手ドローン企業「DJI」や中国最大のスマホアプリ決済サービス「アリペイ」を含め、欧米や中国の企業に送付している。あまりに多忙なため、睡眠時間は四時間あまりとなってしまい、五時間眠れれば御の字となってしまった。

フェドロフは、このデジタル外交を通じて、ロシアにとって不可欠なデジタルサービスを利用不可能にする「デジタル封鎖」を試みたのである。

他方、ウクライナの生き残りと独立維持のために取った強引とも言えるこの辣腕ぶりは、インターネットの自由を標榜する専門家たちからの批判を浴びている。世界の人々のデジタル市民権保護のための活動をしている非営利団体「アクセス・ナウ」のナタリア・クラピーヴァ技術法律顧問は、「ロシアの人々が独立した情報にアクセスできないようにしてしまうと、プロパガンダにしか触れられなくなってしまう上、それでウクライナとの戦争の気運が煽られてしまう」と指摘した。

米軍高官も舌を巻くウクライナの知見と発信力

では、エネルギー危機、世界的な物価高騰の中、「支援疲れ」が報じられていても、ウクライナへのサイバーセキュリティ支援が世界で続けられているのは何故なのだろうか。

見逃してはいけない重要なポイントは、ウクライナは支援を他国から受けるだけでなく、積極的な情報共有も行なっている点だ。マイケル・ロジャース元米サイバーコマンド司令官兼元NSA長官（退役海軍大将）によると、二〇一五年十二月の停電事件の一年後、ウクライナのサイバー防御能力強化のため米軍がチームを派遣した。訪問によって、ロシアのサイバー攻撃の手口やコンピュータウイルスについて学べたと二〇二二年四月の英フィナンシャル・タイムズ紙の取材で認めている。

しかも、「ウクライナは優れた知見と能力を築き、経験を積んできた。それが今になって活きている。数多くのロシアからの攻撃に耐え抜いている。評価すべきだ」と称賛した。米軍高官がサイバーセキュリティ能力について他国をここまで褒めちぎるのは、異例のことだ。

戦争開始から半年経っても、ウクライナからの情報発信は続いている。ウクライナ国家特殊通信・情報保護局のトップであるユーリ・シチホリ准将は、二〇二二年九月二十二日付のニューズウィーク（オンライン版）の取材に対し、「ウクライナは、米国、EU、日本、イスラエル、スペイン、ブラジルなど多くの国々にサイバー対話を通じて経験を常に共有している」と明らかにした。

日本とウクライナ間の情報共有については、少なくとも二〇一六年から始まっているようだ。同年十二月にサイバー協議を開始し、二〇二〇年一月に第二回協議を行った。相互に取り組みや戦略の紹介の他、情勢についての意見交換もしている。

また、ウクライナ国防省やウクルインフォルム（ウクライナの国営報道機関）によると、二〇二〇年二月、陸上幕僚監部の指揮通信システム・情報部長の廣惠次郎陸将補（当時）がウクライナを訪れ、ウクライナ国防大臣とハイブリッド戦の脅威について協議している。さらに、悪天候の中、ドネツクの前線を視察し、ウクライナ部隊の担当者からロシア軍の戦術とウクライナ側の対抗策について説明を受けたという。

何故、戦禍にあるウクライナが情報共有を続けるかについて、シチホリ局長は、力を合わせれば、より安価かつ効果的にサイバー防衛できるからだと述べている。しかも、「半年以上に及ぶ全面サイバー戦争と八年以上に及ぶサイバー攻撃と戦う中でウクライナが培った類まれなる知見を世界は必要としている」と誇り高く言い切ったのだ。

同局のビクトル・ゾラ副局長も、二〇二二年八月の米国の大手サイバーセキュリティ会議「ブラックハット」や十月のシンガポール政府主催のインド太平洋最大級のサイバーセキュリティ会議「シンガポール国際サイバー週間」など大手国際会議に対面参加し、ウクライナがこの戦争から学んだ教訓を世界に向けて発信し続けてきた。

「現在ウクライナにサイバー攻撃が向けられているが、それがうまくいかなければ、別の国に攻撃の矛先を向けてしまう。だからこそ、ウクライナがサイバー攻撃の作戦や手口、コンピュータウイルスについてパートナー国と共有し、パートナー国の防御能力が高まるようにすることが大事なのだ」。筆者が司会を務めた「シンガポール国際サイバー週間」のデジタルインフラ防御に関するパネル討議でのゾラの発言である。

平時でさえ、サイバー攻撃後の学びの世界への発信、特に第二言語（英語）での海外メディアや国際会議を通じての発信は、至難の業だ。血みどろの戦争が続いている最中での発信の大変さは、想像を絶する。

ウクライナからの情報発信は、世界からのサイバーセキュリティ支援を得るための戦略だろうと考えていた筆者は、ゾラの答えに意表を突かれた。

無論、戦争が長期化する中、国際社会の関心を惹きつけ、支援を得続けたい本音はあっただろう。実際、二カ月前のブラックハット会議にサプライズ登壇した際、ゾラはメディア取材に応じているが、世界の一部の国々では戦争に嫌気がさしており、ガソリンや燃料の価格に戦争の影響が及べば「支援の雰囲気が変わってくる可能性はある」と認めた。「それでも尚、全ての戦争犯罪が罰せられ、侵略が罰せられ、現代社会でそうした行為は許されないと証明するために、我々は戦い続けなければならない」と苦しい胸の内を明かしている。

しかも、このシンガポールの会議は、二〇二二年十月上旬のミサイル攻撃で国家特殊通信・情報保護局の同僚四人が殺された直後である。首都キーウにもロシアのミサイル攻撃が続く中、ウクライナからシンガポールに渡航するには、ポーランド経由で片道二日間かかる。わざわざ命の危険を冒して対面登壇しなくても、会議主催者はオンライン参加や録画登壇を許したはずだ。

そうした苦境にあっても、ロシアへの恨みつらみを語るのではなく、あくまでも世界への貢献をしたいとの前向きな姿勢を貫いたゾラの言葉に隣の席で耳を傾けながら、筆者は心の底から感動し、敬意を覚えた。筆者は、大手国際サイバーセキュリティ会議には何度も参加しており、その度に専門家たちの課題解決のための分析力や独創性、国際協力のための努力に感銘を受けているが、感動したのは初めてだ。地上戦だけでなく、サイバー空間と言葉でも戦い抜き、勝利を収めるためのウクライナの人々の奮励、執念

左から2番目がウクライナのビクトル・ゾラ国家特殊通信・情報保護局副局長。2022年10月のシンガポール国際サイバー週間でのデジタルインフラ防御に関するパネル討議の模様。左端が司会をする筆者。2022年10月19日付のカテリーナ・ゼレンコ駐星ウクライナ大使のツイートより。
https://twitter.com/KaterynaZelenko/status/1582645342239346689

は凄まじい。

尚、ウクライナで命懸けの国際情報発信を行なっているのは、政府関係者だけではない。「キーウスター」のコマロフCEOは、戦争開始から約半年後に米ワシントンD.C.を訪れ、サイバー戦から学んだ知見と今後必要な支援について政府関係者と協議した。「非常に斬新で予想のつきにくい敵との戦いだ。弊社は、ウクライナで直面しているいかなる経験についても喜んで共有する。また、高いレベルの防御に役立ちそうな技術を試すための実験場にも喜んでなろう」と前向きな姿勢を見せている。

果たして台湾有事が日本にも波及した場合、日本の官民にゾラやコマロフのような人物は現れるだろうか。国境を無視して行われるサイバー攻撃に対処していくには、自国のサイバーセキュリティ防御能力の地道な強化に加えて、国際協力が不可欠である。協力したい国と見做されるには、手の内を全て明らかにすることはできなくても、自国の知見や取り組みについて積極的に発信し、頼りがいがあると見せる必要がある。

第七章　ハッカー集団も続々参戦

今回の戦争の特徴の一つは、ウクライナ側とロシア側の味方をして「参戦」してきた国際ハクティビスト集団の数の多さである。「ハクティビスト」は、「ハック」と活動家を意味する「アクティビスト」を組み合わせた造語であり、DDoS攻撃やウェブサイトの改竄などのハッキングを通じ、オンライン上で政治的・社会的主張をする人々を指す。

米サイバーセキュリティ企業「フラッシュポイント」の集計では、二〇二二年三月五日時点で五十ものハクティビスト集団が参加していた。

これだけの規模でハクティビスト集団が戦争や紛争に関与したのは、前代未聞である。シリア内戦に抗議して、国際ハクティビスト集団「アノニマス」が二〇一一年八月、シリア国防省のウェブサイトを改竄し、アノニマスのロゴと化学兵器で負傷した人々の惨たらしい写真を表示したことはあった。しかし、敵と味方に分かれてこれほどまでに多

「参戦」してきたハクティビスト集団

ウクライナ側

■ウクライナ
・サイバー義勇兵
・IT軍
■サイバー・パルチザン（ベラルーシ）
■ブラックホーク（ジョージア）
■Squad 303（ポーランド）
■アノニマス
・ネットワーク大隊65（NB65）
・ゴーストセック
・Spid3r
■ランサムウェア攻撃者集団「オールドグレムリン」
■サイバー犯罪フォーラム「Dumps Forum」

ロシア側

■ランサムウェア攻撃者集団「コンティ」
■親ロシア派ハクティビスト集団
・レッド・バンディッツ
・キルネット
・アノニマス・スーダン（キルネットと関連か）
・XakNet（ザックネット）
・NoName057（16）
・ザリャ（キルネットから分裂）

くのハクティビスト集団が参加したのは初めてだ。

この章では、ハクティビストたちをここまで突き動かしたのは何かを分析する。さらに、政府や軍に所属していない、顔の見えないハクティビストがウクライナ側とロシア側に分かれてサイバー攻撃し合う危険性についても触れたい。

ウクライナ国防省の呼びかけでサイバー義勇兵が千人集結

ロシアの軍事侵攻の当日、ウクライナのウォロディミル・ゼレンスキー大統領は、国民総動員令に署名し、十八～六十歳の男性の出国を禁じた。

ウクライナ国防省は、同国で数々のサイバーセキュリティ企業を創設してきたイェゴール・アウシェフの助けを借り、匿名掲示板で活動するハッカーたちやセキュリティ専門家たちに支援を呼びかけた。

志願者は、コンピュータウイルスの作成やDDoS攻撃など十二分野の中から自分の得意分野を選び、Google Docs上の申請書類に記入する。スパイの潜入を防ぐため、身元証明書の提出と、内部で既に信頼を得ているメンバーたちからの身元の保証も求められる。

義勇兵としての参加が認められると、防御チームか攻撃チームに振り分けられる。防御チームは、電力や水道などの重要インフラのサイバー攻撃からの防御を担当する。一方、アウシェフがリーダーを務める攻撃チームは、ウクライナ軍によるロシア軍へのサイバースパイ作戦を支援する。この戦争やロシア国内の標的に関するインテリジェンスを集め、ウクライナ政府で共有するのだ。何を守り、狙うかについては、ウクライナ国防省からの指示に従わなければならないという。

二〇二二年三月二十四日付のドイツ国際放送「ドイチェ・ヴェレ」の取材にアウシェフはサイバー義勇兵の数が千人近くに達していると語った。参加者の約四割が外国人だという。米国人や英国人だけでなく、ウクライナ軍事侵攻に反対するロシア人も数名参加していると主張しているが、欧米メディアによる確認は取れていない。

参加者の中には驚くべきことに、ウクライナ西部に住む十七歳のコンピュータサイエンス専攻の学生も交じっているとのことだ。志願したのは、「ロシアとの戦いに自分のスキルを活かしたかったから」であり、状況を打開できるかどうかは「僕たち一人一人にかかっている」。だからこそ「僕たちはできる限りの支援をしなければならない」と語っている。

サイバー義勇兵たちは、立ち上げ早々数日間で、数十ものロシア政府と金融機関のウェブサイトをダウンさせるか、あるいは今回の戦争の暴力に関する画像を使って改竄した。アウシェフが、軍事侵攻から四日後の二月二十八日にロイターの取材で明かした。しかし、ロシア側からの追跡を避けるためとして、具体的な攻撃内容については説明を避けている。

その他、サイバー義勇兵は、携帯電話の位置情報を使い、ウクライナに侵攻しているロシア軍の部隊の居場所をウクライナ軍が特定する手伝いもしているという。ロシア軍は、ウクライナ国内で民用の携帯電話を使って通話していると報じられていたため、軍事侵攻以降、ウクライナ領土内で新たに使われるようになったロシアの電話番号に目をつけたのだろう。

また、アウシェフは、「武器を我々の国の中に持ち込ませない」よう、ロシアが部隊や兵器をウクライナに輸送するのに使うインフラを妨害するサイバー攻撃を計画していたと主張した。

協力を申し出たのが、ベラルーシの反体制派ハッカー集団「サイバー・パルチザン」だ。彼らは、ロシア兵の輸送に使われているとされるベラルーシ鉄道へのサイバー攻撃を二月二十八日に実行したと発表している。

「サイバー・パルチザン」の広報担当者によると、彼らが鉄道の予約システムをダウンさせたため、乗客は対面式で紙の切符を買わないと乗車できなくなったという。ベラルーシ鉄道の元社員は、鉄道の運行が九十分間麻痺したとAP通信に話している。

少なくとも予約ウェブサイトは、三月一日の午後時点でダウンしていた。但し、サイバー攻撃が本当に同鉄道の運行システムに対して行われたかどうか、ロイターは確認を取れていない。

副首相の呼びかけで始まったウクライナーIT軍

サイバー義勇兵は、サイバーセキュリティ関連の経験を長年積んでいるベテランで構成されている。対照的に、必ずしもITやサイバーセキュリティの知見を持っていない人々が集まっているのが、ミハイロ・フェドロフ副首相兼デジタル転換相の始めたIT軍だ。サイバー義勇兵はIT軍と連携し、互いの攻撃が相殺し合わないようにしている。

フェドロフ副首相は、軍事侵攻開始から二日後の二月二十六日、ロシアからのサイバー攻撃に対抗するためIT軍の創設を宣言し、サイバーセキュリティの専門家だけでなく、ＩＴ関連のデザイナーやコピーライター、マーケティング担当者などにも幅広くツイッターと無料暗号化メッセージアプリ「テレグラム」で参加を呼びかけた。

副首相は、「全員に仕事がある。我々は、サイバー前線で戦い続ける。最初の任務は、サイバー専門家向けの（テレグラム）チャンネルに記してある」とツイートした。

ウクライナ政府がＩＴ軍に依頼したい仕事をテレグラムの専用チャンネルに投稿すると、参加者たちがそれを実行してくれる仕組みだ。機密扱いする必要のある標的の場合、ウクライナ政府と協力者たちは、別の暗号化手段を使って連絡を取り合う。

テレグラム・チャンネルはウクライナ語と英語に分かれており、攻撃の指示、標的の状況、DDoS攻撃のためのツールなどが提供されている。

テレグラムの専用チャンネルに投稿されるDDoS攻撃の標的リストは、当初、ロシア政府機関や大手銀行、国営メディアのウェブサイトに限られていた。ところが、次第に標的が拡大し、ストリーミングやインターネットバンキングなどのサービスを提供するあらゆるロシアのウェブサイトが標的となった。

ウクライナのデジタル転換省のオンラインサービス開発部長のスラーヴァ・バニックは、米サイバーセキュリティ企業「レコーデッド・フューチャー」の取材に対し、「ロシアの指導者が正しいことをしているのかどうか、ロシア国民たちが不思議に思うようにさせるにはこれしかない」とＩＴ軍の活動を弁護している。

ただ、ＩＴ軍のサイバー攻撃が実のところどれだけ成功しているのかは、判断が難しい。テレグラムの専用チャンネルには、二〇二二年三月中旬時点で三十一万一千人以上が参加しており、自分が行ったと称するサイバー攻撃について様々な画像を投稿している。しかし、「証拠」が本物であるかどうかは不明だ。

さらに、国際ハッカー集団「アノニマス」なども、軍事侵攻直後にロシア政府機関やロシアのメディアのウェブサイトへの DDoS 攻撃を表明している。ウェブサイトをダウンさせたのがどの主体なのかは、判断が難しい。

しかも、ロシアのウェブサイトが度々ダウンするようになったことを受け、ロシア政府は、政府機関のウェブサイトを守るため、二月末から一時的に外国からのアクセスを制限した。その結果、サイバーセキュリティの専門家の調べでは、ＩＴ軍がダウンさせたウェブサイトの割合が、二月二十七日の五六％から三月三日には四四％にまで下がっている。

DDoS 攻撃に加えてＩＴ軍が重視している任務は、ロシアの検閲を掻い潜り、凄惨な戦争の様子をロシア国民に届ける情報戦だ。ウクライナ国家特殊通信・情報保護局のビクトル・ゾラ副局長によると、IT軍は、ロシア国民たちに電話やショートメール、メッセージアプリで戦争に関する情報や写真を送っている。

IT軍は、ロシアの検閲を回避するために二〇二二年二月末に奇想天外な取り組みを始めた。グーグルマップのレストランや店のレビューにウクライナで起きている本当のことを書き込んでほしいとツイッターで呼びかけたのである。呼応して、ロシア軍の爆撃への非難やウクライナで撮られた写真が「レビュー」として投稿されるようになった。

しかし、三月一日、旅行関連価格比較サイト「トリップアドバイザー」は、実体験に基づかない書き込みの削除を始めた。グーグルも、多くの「レビュー」の削除に踏み切っている。

二〇二三年に入ると、IT軍に関する報道は激減したが、今でも活動は続いているようだ。同年一月末、ロシア国営天然ガス企業「ガスプロム」から事業会社の金融・経済活動に関するファイルや試験や掘削に関する報告書など、一・五ギガバイトのデータにアクセスしたと主張している。

またロシア鉄道は、同年七月五日、大規模なサイバー攻撃を受けたため、数時間にわたって同社のウェブサイトとモバイルアプリがダウンしてしまったと発表した。その結果、乗客は、駅で切符を買わなければならなくなってしまったという。このサイバー攻撃をしたと主張しているのが、IT軍だ。

尚、IT軍には、戦争当事者のウクライナ人だけでなく、外国人も加わっているようだ。欧米の複数のメディアは、IT軍に参加した人々へのインタビューを試みている。匿名での回答であり、話した内容が全て真実とは限らない。しかし、この戦争の何が外国人をも突き動かし、IT軍での活動に関与させているのかの理由の一端を知るため、一部外国メディアが報じた声を紹介したい。

オランダ陸軍特殊部隊の元隊員でシングルファーザーの男性は当初、ウクライナに赴いて戦う意向だったが、一人娘の反対を受け、断念せざるを得なくなった。そんな中、フェドロフ副首相のIT軍創設の宣言を知り、もう一つの得意分野であるコンピュータを使って戦いに参加しようと決意したのである。ITスキルが認められ、外国人であるにもかかわらず、ほぼウクライナ人で占められている十五人の管理者のうちの一人に取り立てられた。軍人だった経歴を活かし、国際人道法に則って「学校や薬局、病院などを標的にしてはならない」などの規則を定めたという。

対照的に、ロシアの混乱をできる限り招くため、ロシア国民の生活を直撃するようなサイバー攻撃を試みるIT軍のメンバーたちもいるようだ。彼らが目をつけたのは、生鮮食品を含めロシアで作られたものには、工場で番号とバーコードが付与され、売る時にスキャンしなければならないという規制だった。

ウクライナ人のオレクサンダーと仲間たちは、この認証サービスの会社にDDoS攻撃を仕掛け、サービスをダウンさせた。実際にどれくらいの混乱が消費者の間に広がったかは不明だが、同社は四日間、公式テレグラムアカウント上でDDoS攻撃の状況についてアップデートを配信していたことから、ある程度の被害は出たのだろう。ロシア政府も、規制を緩和し、生鮮食品の円滑な売買ができるよう措置を取った。

BBCがオレクサンダーに取材した際、本人はこのサイバー攻撃について着想したときのことを思い出し笑いしていたという。元軍人の友人とIT軍について意見交換していた際、「ウクライナは持てるもの全てを使って戦う」と呟いたのを思い出した。

スイス人の十代の少年カリも、フェドロフ副首相のIT軍創設宣言ツイートを見て参加を決意した。「僕はスイス出身だけど、腕のいいハッカーだし、ウクライナの人たちがかわいそうだ。僕はウクライナの味方で、なんとかして助けてあげたいと思うからこうするんだ。ロシアのインフラをハッキングすれば何も機能しなくなるから、彼らは（侵攻を）止めるかもしれない」と英ガーディアン紙に語っている。両親は息子が何をしているのか特に関心がないため、カリは両親に自分が何をしているのか黙っているようだ。

デンマーク在住の四十代半ばのITエンジニアのイェンスが参加を決めたのは、二〇二二年三月中旬、「子どもたち」と路上にロシア語で大書されていたにもかかわらず、ウクライナの子どもたちが避難していたマリウポリの劇場が爆撃（注：マリウポリ市議会は空爆の九日後、約三百人が死亡したと発表）された映像を見た時だった。出勤前の一時間を費やし、テレグラムのロシアの標的リストをチェックしてから、「ロシアの戦争犯罪についてロシア人たちを罰するため」にDDoS攻撃を仕掛ける。

だが、自らの行為が違法行為だと知っており、妻や友人、同僚たちには、自分が何をしているのか話していない。「私は法律を守る人間であり、赤信号で道路を渡ったりもしない。私は、ごく普通の仕事をごく普通の都市でしている、ごく普通の人間だ。平時には絶対こんなことはしない」。

エスカレーションへの危惧

米ハーバード大学のガブリエラ・コールマン教授（人類学）によると、「国家が市民や義勇兵に対して、他国へのサイバー攻撃を公然と呼びかけたのは初めて」だ。

米サイバーコマンドの法務顧問を務めていたゲイリー・コーン陸軍大佐（退役）は、「ウクライナが全てのリソースを投入して、より強大な敵であるロシアと戦おうとしているのは驚くべきことではない。市民たちが外に出て戦っている以上、デジタル空間を通じた支援を政府が市民に呼びかけているのも驚くべきことではない」と分析する。

ただ、軍や政府に所属していない人々がサイバー攻撃に参加するのには、いくつかの問題がある。まず、誰が計画や戦略を立てているのかの説明責任が欠けている。

第二に、サイバー義勇兵やＩＴ軍のサイバー攻撃への参加は、違法行為にあたる恐れがある。欧米諸国は、ランサムウェア攻撃などについてサイバー犯罪者の取り締まりをロシア政府に求めてきたが、自分たちが自国民のサイバー義勇兵やＩＴ軍への参加を黙認すれば、ロシアが一層反発し、事態がエスカレートしかねない。

第三に、ウクライナの国内外から様々な主体がロシアにサイバー攻撃すると、ロシアにとって誰からの攻撃か判別しにくくなる。ロシアが民間ハッカーたちからのサイバー攻撃を国家からの攻撃と誤解、もしくは曲解してしまえば、反撃によって事態がどこまでエスカレートしてしまうか不明だ。

第四に、英サリー大学のアラン・ウッドワード教授（サイバーセキュリティ）が指摘するように、「志願者たちは、ウクライナ政府が望んでいないものを攻撃し始めてしまうかもしれない。うっかり攻撃してしまう」恐れもある。実際、ウッドワード教授の危惧を裏付けるような事件が既にいくつか発生している。

人気オープンソース・ソフトウェアの開発者の一人が、二〇二二年三月八日、ウクライナへの軍事侵攻に抗議するため、ダウンロードした人がロシアまたはベラルーシにいた場合、コンピュータからデータを削除してしまうようソフトウェアを改竄してしまった。元のソフトウェアは、一週間に百万回もダウンロードされるほど広く使われているものであり、その開発者の立場を悪用した行為は世界中から批判を浴びた。幸い、ソースコードを公開し、様々な専門家のチェックと貢献を得ることでソフトウェアの質を高めていくオープンソース・コミュニティの良さが直ちに発揮され、このソフトウェアの安全性を高める取り組みは既に始まっている。

この人物はＩＴ軍のメンバーではないが、こうした危険な前例ができてしまったことで、模倣犯が今後出てくる危険がある。

IT軍の扱いに苦慮するウクライナ政府

ウクライナ国家特殊通信・情報保護局のゾラ副局長は、二〇二二年三月四日の記者会見で、IT軍がロシア軍のシステムを攻撃することでウクライナを支援してくれていると認めた。政府関係者が、サイバー攻撃の実行を公言している組織との連携を公の場で認めるのは珍しい。

ゾラ副局長は、「サイバー空間における、いかなる違法行為も歓迎しない。誰もが行動に責任を持つべきだと思う」とも言っている。他方、「しかし世界の秩序は(軍事侵攻の始まった)二月二十四日に変わってしまった」と指摘。「ウクライナでは戒厳令が敷かれている状況だ。我々の敵には原則はなく、道義的原則に訴えてもうまくいかないと思う」とし、平時のルールは当てはまらないと弁明した。

IT軍の創設者であるフェドロフ副首相も、産経新聞のメール取材に対し、「戦争を始めたのはロシアだ。IT軍は自衛が目的」と活動を正当化している。

ただ、二〇二二年三月中旬の記者会見では、ゾラ副局長は、IT軍のサイバー攻撃の成果を誉めつつも、「それは志願者たちの独自のイニシアチブであり、彼らの活動は政府が調整しているものではない。我々はあくまでもウクライナのインフラの防御に今後も注力する」と発言。ＩＴ軍のサイバー攻撃と政府との関係に距離を置こうとしているようだ。

ボルニャコフ・デジタル転換省副大臣は三月上旬、米ニュースサイト「テッククランチ」の取材で、ＩＴ軍の行うサイバー攻撃やロシアへの思いを明かしており、興味深い。「我々は、何年もの間ずっとオンライン上で攻撃を受けてきた。それでも決して反撃しなかった。防御のみに徹してきたのだ。インフラが攻撃を受け、カードや行政サービスなど、あらゆるものが使えなくなった際に我々がどう感じたか、彼らにやっと初めて示そうとしている」。

ウクライナ国家特殊通信・情報保護局のシチホリ局長は、九月のワイアード誌の取材で、ウクライナの防衛はＩＴ軍に限らず、親ウクライナ派のハクティビストたちのサイバー戦のお陰で強化されたと語った。准将でもあるシチホリ局長は、彼らのサイバー攻撃で多大な影響を与えられたという証拠がほとんどないにしても、個人的な見解として、「軍人として、敵の力を弱められることとならなんでも良いことだと思う」と述べている。

シチホリ局長もボルニャコフ副大臣や部下のゾラ副局長と同様、政府としてはＩＴ軍と距離を置くべきとの公式な立場と、ＩＴ軍の活躍を正当化したい気持ちとの間で揺れ動いているようだ。

シチホリ局長は、「彼らは自立したコミュニティであり、自ら目標を立てている。ウクライナ政府は彼らの活動を調整しておらず、金銭的支援もしていない。ウクライナ政府は、例えばインフラなどを標的にするといった、いかなる直接の指示もしていない」と断言している。一方で、ロシアがここで行った犯罪全てからして、ロシアとそのインフラは合法的な標的だとも言っている。

しかしながら、ウクライナ軍人ではない民間人を使って他国にサイバー攻撃を行うことについては、国連やＮＡＴＯの規則に違反しているとして、当初から世界で批判が相次いできた。米サイバーセキュリティ企業「マンディアント」のイェンス・モンラッド脅威インテリジェンス部長はこう指摘する。「サイバー攻撃の実行や攻撃への参加は、ロシアの侵略や侵攻に対抗するウクライナを支援するための気高い行為と考えることもできる。一方、各国の関連法の解釈によってはハッキングに該当し得る」。

実は、ＩＴ軍の扱いについては、ウクライナ国内でも一枚岩ではない。二〇二二年十一月末、空襲を逃れるため、ウクライナの官民のサイバーセキュリティの専門家や学生たちがキーウの地下鉄の構内に三日間集まり、「国防ハッカソン」を開いた。愛国的なハクティビストたちの法的な立場についても話し合われたものの、意見は分かれたという。

ウクライナの刑法では、コンピューターウイルスの作成やコンピュータ・システムへの不正アクセスが禁じられている。一部の専門家は、ウクライナが刑法を改正し、国家のサイバー防衛のために行うサイバー活動を免責とすべきだと主張している。また、ウクライナ軍の一部としてサイバーコマンドを創設すべきとの意見もあるが、十一月時点では、サイバーコマンドの法的立場、予算、人員について定めた法律は存在しなかった。

ところが、二〇二三年三月十四日付ニューズウィーク誌の取材に対し、ウクライナのナタリア・ツカチュク国家サイバーセキュリティ調整センター長官は、ウクライナ政府がIT軍を正規軍にサイバー予備役として編入するための新たな法律を起草中と明らかにした。軍によって訓練を受ける民間人のサイバー専門家から構成されるサイバー予備役は、サイバー脅威が高まった際や紛争時に、国家防衛のために動員されることになるという。この法律ができれば、少なくともウクライナ国内のIT軍の法的グレイゾーンは解消されると期待されている。

ランサムウェア攻撃者集団「コンティ」とウクライナ人ハッカーの反撃

二〇二二年二月の軍事侵攻後直ちに、「アノニマス」など複数のハッカー集団がウクライナ側やロシア側への支援を表明した。二月二十五日にロシア政府への全面支持をいち早く表明したのが、二〇二〇年の登場以降、活発にランサムウェア攻撃を続けてきたサイバー犯罪者集団「コンティ」である。米国政府によれば、二〇二〇年春〜二〇二一年の春、四百回以上もの攻撃を行った。日本企業への攻撃も確認されている。そのコンティが、ロシアにサイバー攻撃や戦争行為を行う組織への重要インフラ攻撃のため、あらゆるリソースを使うとダークウェブ上で宣言した。

ところが、この姿勢に猛反発したのが、コンティのウクライナ人メンバーたちだった。わずか一時間後、コンティは当初の宣言文を修正せざるを得なくなり、欧米政府への報復措置を匂わせつつも、「いかなる政府とも連携しておらず、現在続いている戦争を非難する」と言い直した。

だが、ウクライナ人たちを宥めようとする試みは失敗した。二月二十八日、ウクライナ人のサイバーセキュリティ研究者が、コンティの内部情報を六万件以上リークしたのだ。二〇二一年一月末からリーク前日の二月二十七日までにコンティのメンバー間で交わされた内部メッセージには、コンティと被害者との生々しいやりとりや、身代金を被害者から受け取る際に使っていたビットコインのアドレス情報も含まれている。

リークされた情報が本物であることは、米サイバーセキュリティ企業の「レコーデッド・フューチャー」や米セキュリティ・サイト「ブリーピング・コンピュータ」などの調査により判明している。

尚、CNNは、リークしたウクライナ人のサイバーセキュリティ研究者の男性に独占インタビューを行っている。身元は明かされていない。この人物は、後日コンティのメンバーになった犯罪者たちのコンピュータ・システムに二〇一六年からアクセスできており、何年もこっそりシステムを監視し、攻撃関連の情報をヨーロッパの司法当局に渡していた。

コンティがロシア政府への全面支援を表明したとき、ロシア軍が実家の近くを爆撃したばかりだった彼の中で何かが弾けた。ウクライナが旧ソ連の一部だった頃に子供時代を過ごした彼にとって、ウクライナがまたロシアの手に落ちるのは耐え難かった。「ここは僕の祖国だ。ウクライナ政府が僕に武器をくれたら、もちろん戦う。でもタイプする方が得意だ」。

なぜリークしたのかとCNNが尋ねたところ、彼は笑って「酷い奴らだと証明するため」と答えたという。しかし、リーク開始後にFBIの特別捜査官から連絡があり、リークを止めるよう言われたという。コンティの使っているインフラを暴露してしまえば、コンティが新しいインフラに切り替え、FBIの追跡が難しくなってしまう恐れがあるためだ。そのため、彼はリークを中断している。

それでも、膨大な内部情報が明らかになったお陰で、コンティの内情についての分析がかなり進んでいる。イスラエルのサイバーセキュリティ企業「サイバーイント」のシュミエル・ギホンによると、コンティには三百五十人くらいのメンバーがおり、過去二年間に推定二十七億ドル（約三千七百八十億円）相当の暗号資産を稼いだ。

また、イスラエルのサイバーセキュリティ企業「チェック・ポイント」が分析したところ、コンティがハイテク企業のような組織構造になっていることも判明した。人事部門では、毎月の賞与や月間最優秀社員賞の決定、業績評価などを行う。業績評価が悪ければ、罰金が科せられる。部下が数時間オフラインになって連絡がつかなくなると、怒り出す中間管理職もいるようだ。

　サイバーセキュリティに関する調査報道ジャーナリストのブライアン・クレブスのブログ「クレブス・オン・セキュリティ」には、技術的なスキルを持っているのに給与が安い、同じ作業の繰り返しでヘトヘトになるといった、コンティで働く犯罪者たちの怨嗟の声が綴られている。大半のメンバーの月給は、一千～二千ドル（十四万～二十八万円）だ。末端のメンバーたちの燃え尽き症候群になる率や辞める率は高いようである。

　さらに、コンティと他のハッカー集団との協力関係についても明らかになってきた。

　例えば、日本企業や大学、自治体の間でも感染被害が度々急拡大しているコンピュータウイルス「Emotet（エモテット）」関連のハッカー集団とも協力しているようだ。エモテットに感染すると、今までにやりとりしたことのある相手の氏名、メールアドレスやメールの本文などの情報が盗まれてしまう。そして、あたかも今までに自分がやりとりしたことのある相手からの返信メールのように見えるなりすましメールが作られ、他の人々に送付されていく。そのため、ついなりすましメールの添付ファイルをクリックし、感染してしまう人がネズミ算的に増えていく。非常に厄介なコンピュータウイルスだ。

　コンティ攻撃者集団は、エモテットに感染したコンピュータを有償で借り、そのコンピュータを足がかりにしてランサムウェア攻撃を仕掛け、感染させる。

その他にも、コンティがロシア国内に複数の事務所を構えていることも判明した。「チェック・ポイント」のロテム・フィンケルシュタイン脅威インテリジェンス部長は、「これだけ大きな組織で事務所を複数持ち、巨額の利益を得るには、ロシアの情報機関の全面的な承認か、ある程度の協力がなければ無理なのではないか」と分析している。

実際、米サイバーセキュリティ企業「Rapid7」は、二〇二一年四月九日にコンティの幹部「マンゴー」とメンバー「ジョニーボーイ77」間で交わされた会話から、ロシア連邦保安庁（FSB）がコンティの資金の一部に関与していたと見ている。

親ロシア派ハクティビスト集団「キルネット」

「キルネット」は、ウクライナの支援国に対し活発にDDoS攻撃を続けている親ロシア派のハクティビスト集団だ。二〇二二年九月の日本政府や企業へのDDoS攻撃の後、日本のメディアに大きく取り上げられるようになった。

キルネットは、二〇二二年一月時点では、サブスクリプション・ベースでDDoS攻撃ツールを使わせるサイバー犯罪者集団だった。ところが、同年二月のロシアによるウクライナへの軍事侵攻を受け、キルネットの創設者「キルミルク」は、ハッキングを使ってウクライナとその支援国の妨害をしようと固く決意したという。キルミルクは、BBCの取材に対し、所属するハッカーたちがサイバー攻撃のため毎日十二時間も費やしているロシアのハッカーがウクライナのハッカーに比べて如何に献身的で優れているか自慢した。

同年三~九月、ウクライナの支援国やロシアの国益に害をなすと見なされた国々を標的にし、悪名を轟かせるようになっていった。

キルネットのDDoS攻撃は数時間から数日間続く。現時点で最長の攻撃を受けたのは、リトアニアであろう。ロシアは、リトアニアとポーランドに挟まれた飛び地「カリーニングラード」を持っており、ロシアとカリーニングラードを結ぶ鉄道はリトアニアを通っている。

二〇二二年六月十七日、EUの対露制裁対象となった石炭や金属のロシアへの鉄道輸送をリトアニアが禁止した後、キルネットは、六月二十日から十日間にわたってリトアニアの政府や企業のウェブサイトへのDDoS攻撃を行った。リトアニア政府によると、ダウンまたはアクセスできなくなってしまった官民のウェブサイトの数は、最終的に百三十以上に及んだ。

ウクライナへの支援を表明するとキルネットに狙われる傾向にある。キルネットは今までにドイツ、イタリア、ルーマニア、ノルウェー、リトアニア、米国など十カ国に対して「戦争」を宣言してきた。

七月二十七日に放送されたNHKの番組が「日本も攻撃対象なのか」とキルネットに取材したところ、「日本も例外ではない。現時点では優先順位は低いが、日本がロシアに敵対的であるという事実を忘れてはいない」と答えている。

実際、九月七日に「反ロシアキャンペーンをしている日本政府に宣戦布告する」との動画をテレグラムに投稿。東京メトロや名古屋港、ミクシィ、政府の「e-Gov」など二十三のサイトが一時、繋がりにくくなった。尚、ロシア極東地域では九月一～七日に大規模軍事演習「ボストーク二〇二二」が行われ、プーチン大統領が六日に観閲している。キルネットは軍事演習と時期を合わせてサイバー攻撃を仕掛け、日本に一層プレッシャーをかけようとしたのかもしれない。

二〇二三年二月中旬には、親ロシア派のハクティビスト集団のNoName057（16）とキルネットが日本の大手銀行や鉄道会社、エネルギー関連の業界をサイバー攻撃し、さらに、キルネットは、医療や人道支援活動に対しても行なっている。同月には米国の二十五の州の病院にDDoS攻撃を仕掛けた。また、同年二月六日にトルコ・シリア大地震が発生した後、NATOが加盟国であるトルコへの支援を約束しているが、なんとキルネットは、NATOの人道支援担当組織にDDoS攻撃し、人道支援を邪魔している。

同年四月の上旬には、「Kill NATO Psychos（NATOの変質者たちを殺せ）」作戦を数百人のメンバーで実行、NATO加盟国のウェブサイトを一時ダウンさせた。それだけでなく、NATO職員のメールアドレスをオンライン公開し、嫌がらせをするよう人々に呼びかけている。

また、同年六月中旬には、SWIFT（国際送金プラットフォーム）や欧州中央銀行を攻撃したとテレグラムに投稿した。しかしサイバー攻撃が行われた兆候はなく、いずれの金融システムも機能しているようである。

ウクライナのビクトル・ゾラ副局長は、キルネットが優秀なハッカーを雇い入れ、ロシア軍の相談役も入れていると主張している。その結果、単純なDDoS攻撃だけでなく、より高度なサイバー攻撃ができるようになったと警戒しているようだ。

キルネットの目標は、ＦＳＢなどロシア政府機関と合致しているものの、現時点ではロシア政府との繋がりは確認されていない。真偽は不明だが、キルミルクも、キルネットがロシア政府機関から完全に独立しており、自分は工場で荷物の積み込みを担当している真面目人間だとＢＢＣに語っている。

ただ同年三月中旬、キルミルクは、ブラック・スキルズ民間軍事ハッカー会社の設立を宣言しており、注意が必要だ。同社は、ロシアの民間軍事会社「ワグネル」に触発されて作られたとのことだが、活動の実態は不明だ。インテリジェンス収集、妨害活動、心理戦など幅広いサイバー活動を行うとされている。ただキルネットは、注目を浴びるための大言壮語で知られているため、メディアに報道してもらい、支持を得るための発表だった可能性もある。

五月には、キルネットは、DDoS攻撃や情報窃取ソフトウェア「スパイウェア」の活用法などを教えるハッカー養成学校「ダーク・スクール」を立ち上げた。民間軍事会社の社員やロシア軍人であれば、無料で受講できるとしており、やはり政府との繋がりを模索しているように見える。

ところが六月下旬、ワグネルの創設者であるエフゲニー・プリゴジンが武装蜂起を宣言した際、キルネットの公式テレグラムは、キルミルクがモスクワでワグネルに加わったと主張した。本当に参加したかどうかは分からない。しかし、こうしたワグネルへの賛意表明が、キルネットの活動に今後どのような影響を及ぼすか注視していくべきだろう。

第八章　細り続けるロシアのサイバー人材

米国内外の企業に情報提供を始めた米国政府

今回の戦争で米国政府は、民間企業との連携重視、迅速な情報共有の促進・拡大の姿勢をはっきりと打ち出した。サイバーセキュリティに限らず、ウクライナ情勢について大統領や閣僚と経営層が話し合う機会を設け、それをメディアに報じさせている。これは、日本では全く見られない動きだ。

例えば、二〇二二年三月二十一日、バイデン大統領とジェイク・サリバン大統領補佐官、ジャネット・イエレン財務長官、ジーナ・レモンド商務長官ら政府高官は、石油（エクソンモービル）、金融（VISA、JPモルガン、バンク・オブ・アメリカ）、食品・農業、化学メーカーのダウなどの大企業十六社のCEOと面会、ウクライナ情勢や世界市場、サプライチェーンへの悪影響について話し合っている。

サイバーセキュリティに特化した官民の情報共有も一段階進み、米国政府から機密情報が重要インフラ企業に提供されるようになった。ブランドン・ウェールズＣＩＳＡ局長は、二〇二二年十月、シンガポール政府主催の年次国際会議「シンガポール国際サイバー週間」に登壇した際、米国政府が前年後半の段階で、ロシアによるウクライナの軍事侵攻は年明けの早い時期に発生する可能性が高いと判断していたと明かした。機密指定されたブリーフィングを早い段階から民間企業に対して行い、米国がロシアに制裁を科せば、どのような報復的なサイバー攻撃があり得るのか説明したという。

アン・ニューバーガー国家安全保障担当副補佐官（サイバー・先端技術担当）は、米国土安全保障省と米財務省が民間企業に機密指定のブリーフィングを始めたのは二〇二一年秋からだったと明かしている。尚、米国政府が機密指定したブリーフィングをしていたのは、サイバー攻撃を受ける恐れのある企業に対してだったようだ。二〇二二年三月中旬には、数百社を対象に機密ブリーフィングをしている。

問題は、機密指定された情報にはセキュリティ・クリアランスを持っている社員しかアクセスできないことだ。これでは折角、事前に警告を受けても、サイバーセキュリティ担当の社員にもその情報を伝えなければ、防御のための対策が取れないことがあるだろう。

そのため、機密ブリーフィングでは、企業が政府に対して、有益な技術情報の機密指定の解除を要請することもできる。解除されれば、企業はその情報を広く関係者と共有し、自社のサイバーセキュリティ対策に活かせるからだ。

ウクライナへの軍事侵攻を受け、米財務省は、大手銀行内のセキュリティ・クリアランス保有者の数を増やすと共に、機密指定を解除したインテリジェンスを金融機関の経営層へ積極的に提供し始めた。

米国の情報機関は、ウクライナ情勢をきっかけにインテリジェンスの機密指定の迅速な解除と民間企業への共有ができるようになっていったようであるが、それでも手続きには多少の時間を要する。また、機密指定でしか含められない文脈情報もある。

故に、ウクライナへのロシアによる軍事侵攻時に発生したViasatへのサイバー攻撃を受け、他の衛星運用事業者にも同様の攻撃があるのではと懸念した米国政府は、関係企業の経営層にセキュリティ・クリアランスを発行した。機密情報へのアクセスを一回に限定するものだったが、前代未聞である。それだけ米国政府の危機感が強く、多少の情報漏洩リスクを加味しても、経営層に今すぐ取ってもらわなければならない対策があったのだろう。それは、ブリーフィングをしたのが、なんとステイシー・ディクソン国家情報副長官だったことからもうかがえる。

米国のセキュリティ・クリアランスには、コンフィデンシャル、シークレット、トップシークレットの三つの区分がある。一番機密レベルの低いコンフィデンシャルでも、セキュリティ・クリアランスを取得するのには、数週間から数カ月かかる。機密情報を外国などに漏洩する危険がないか、国家安全保障上の脅威になり得る人物ではないかを確認するため、財政状況、ドラッグの使用歴、飲酒習慣、今までの居住地や職歴、逮捕歴を徹底的に調べるからだ。

衛星運用事業者へのセキュリティ・クリアランス付与が比較的短期間に行われているため、おそらく米国政府はコンフィデンシャル・レベルの情報を提供したのだろう。

通常、こうした重要な情報の提供は自国の企業が優先されるものであるが、米国政府は、海外の銀行の米国支社に対しても、ロシアからの報復サイバー攻撃に関する機密指定解除インテリジェンスを少なくとも二〇二二年三月から提供し始めている。これは異例の措置であり、民間企業と連携しなければ、グローバル・サプライチェーンで繋がっている重要インフラは守れないとの米国政府の切迫感と強い意志が垣間見える。

また、ウクライナ情勢対応のために発展してきた米国の官民情報共有の仕組みは、今後の台湾有事や中国からのサイバー攻撃への対処にも応用できるだろう。ジェン・イースタリーＣＩＳＡ長官は、二〇二三年六月にワシントンD.C.で講演した際、ロシアのウクライナに対するサイバー攻撃や米国への脅威に関する機微な情報の機密指定が素早く解除できるようになり、その情報を必要としている人々に迅速に提供し、米国へのリスクを低減できるようになったと振り返った。そして、中国からの脅威への対処にも適用できると言及している。

ロシアのサイバー攻撃の「戦争犯罪」指定を呼びかけるウクライナ

ウクライナは、戦争の初期からロシアによる戦争犯罪の可能性と調査の実施を国際社会に向けて主張してきたが、サイバー攻撃についても戦争犯罪に該当するのではないかと指摘している。火力とサイバーを組み合わせた攻撃の続くウクライナのケースは、サイバー攻撃が戦時国際法上どのように位置付けられるのかの試金石になるだろう。

ビクトル・ゾラ国家特殊通信・情報保護局副局長は、二〇二二年四月五日の記者会見の際、最近のサイバー攻撃のほとんどの背後にいるのはロシアとベラルーシの軍のハッカーだとした上で、ウクライナ当局がサイバー攻撃に関する証拠を集め、戦争犯罪の証拠とともに国際刑事裁判所に送る予定だと明かした。「彼らがロシア連邦保安庁（FSB）だろうが、ロシア連邦軍参謀本部情報総局（GRU）だろうが関係ない。別々のハッカー集団が同じビルの同じ階にいる可能性もある」。

八月に米ラスベガスで開かれた大手国際サイバーセキュリティ会議「ブラックハット」に登壇した時には、ウクライナの言う「サイバー戦争犯罪」が何を指しているのかもう少し踏み込んだ。「ロシアの砲撃のほとんどは文民のインフラを狙っており、そうした行為を支えているサイバー作戦も同様に文民のITインフラを狙っている。これらの事案は、サイバー空間における戦争犯罪として扱える」。つまり、戦時国際法上の軍事目標主義に反したサイバー攻撃を「サイバー戦争犯罪」と呼んでいるようだ。

ゾラは、国際刑事裁判所は、民間の標的を狙ったリアル世界の活動を支え、民間のインターネットインフラを標的としているこうした種類のサイバー攻撃を訴追すべきだと主張した。ゾラが特に問題視しているのは、ウクライナの大手電力会社「DTEK」への二〇二二年七月下旬の攻撃である。「同社の火力発電所は砲撃され、同時にネットワークも攻撃された。ロシアからの指示で、物理面とサイバー面とで攻撃された」と指摘。

オデッサ、リビウ、ムィコラーイウでも、砲撃が自治体やインターネット・サービス事業者へのサイバー攻撃と連携していたという。

ウクライナ保安庁のイリヤ・ヴィチュク・サイバーセキュリティ部門長としては、キーボードを叩いているサイバー攻撃の実行者だけでなく、学校や発電所へのサイバー攻撃を命令した司令官たちも起訴したい。しかしながら、誰がサイバー攻撃の責任を負っているのかの証明が難しいことも承知している。だからこそ、ウクライナはロシアのサイバー犯罪者たちに関する情報をできる限り集める必要があり、証拠集めのための国際的な支援を必要としている。

二〇二三年四月に米西海岸サンフランシスコで開かれた大手国際サイバーセキュリティ会議「ＲＳＡ会議」に登壇したアレックス・コブザネッツＦＢＩ特別捜査官は、ウクライナ国家警察が戦争犯罪捜査のための支援を要請してきたと認めた。サイバー攻撃関連情報やロシア兵の携帯電話の位置情報など、ＦＢＩがロシアのウクライナにおける戦争犯罪の証拠集めと分析を手伝っているという。同特別捜査官は、在キーウ米国大使館の司法担当を務めており、ウクライナの当局が米国の企業から情報を得る手伝いもしている。

ウクライナへのサイバー攻撃を戦争犯罪として扱うべきだと主張をしているのは、ウクライナ政府だけではない。同年三月下旬、米カリフォルニア大学バークレー校のロースクールの人権センターに勤務する人権問題を専門とする弁護士たちと調査担当者たちが国際刑事裁判所に対し、「陸、空、海、宇宙など伝統的な領域に加えてサイバー領域も調査範囲に加え」、ロシアのウクライナへのサイバー攻撃を戦争犯罪として訴追して欲しい、と正式な書簡を送付している。訴追の前例ができれば、世界中の民間の重要インフラに影響を及ぼすような悪質なサイバー攻撃を抑止できるようになるかもしれない、とも述べている。

人権センターのリンゼー・フリーマン技術・法律・政策部長は、国際刑事裁判所から内々に返事があり、書簡を受理し、勧告を検討中と伝えられたとワイアード誌に打ち明けた。国際刑事裁判所に関するローマ規程では、サイバー攻撃が少なくとも理論的には戦争犯罪に該当する可能性があると法律・軍事の専門家たちは見做している。ウクライナはローマ規程の締結国ではないものの、クリミア併合を受け、二〇一三年十一月二十一日以降にウクライナ領域内で起きた犯罪について国際刑事裁判所の管轄権を受諾している。だからこそ、二〇二二年三月、国際刑事裁判所の検察官は、ウクライナの事態に関する捜査を開始した。

同年十月の時点で、ウクライナ政府は、ロシアからのサイバー攻撃に関する証拠を集め、国際刑事裁判所と既に共有している。しかしながら、ポール・ローゼンズワイグ元米国土安全保障次官補（政策担当）は、訴追が一筋縄ではいかないだろうと考える。「戦争犯罪となるためには、軍の利益になる可能性が一切なく、民間人に全面的に向けられていなければならない。しかし、ロシア側は『経済状況を悪化させることで、平和を訴求する可能性を上げようとしたのであり、それが軍にとって有利になる』と主張するだろう」。

一方、ロシアが前線から遠く離れた都市の病院や下水処理施設を攻撃していれば、ウクライナも大いに反論できるとローゼンズワイグは言う。

加えて、サイバー攻撃を戦争犯罪として指定できれば、ウクライナ・ロシア間の戦争を超えた抑止力を持てるかもしれない。前出の米カリフォルニア大学バークレー校のリンゼー・フリーマンは、中国が台湾へのサイバー攻撃で一線を越えるのを思いとどまるようになるのではと期待している。

人材流出問題を囚人のテレワークとハッキング合法化で打開？

軍事侵攻後、少なくとも一部の欧米企業は、ロシア内の支社からのネットワーク・アクセスを止めたようだ。仏金融大手ＢＮＰパリバは、サイバー攻撃のリスクを恐れ、軍事侵攻後すぐにロシア国内の支社で働いている行員の行内コンピュータ・アクセスをブロックした。さらに、他の地域の支社に対しては、ロシアからのサイバー攻撃に注意するよう内部文書を回覧している。ロイターが二〇二二年三月九日にスクープした。

一方、ＩＴインフラの構造上、ロシア国内の支社のＩＴインフラだけ全世界から切り分けられずに困っている企業もあるようだ。米金融大手シティグループは、同年四月にロシアでの個人向け銀行業務の段階的な縮小を発表した。ところが、露紙「イズベスチヤ」によると、同社のＩＴインフラはシスコとオラクルのソフトウェアとハードウェアを使っている。しかし、ロシアの軍事侵攻後、両社ともロシア国内での販売とサービスを停止してしまった。そのため、シティグループはロシア国内のＩＴインフラを切り分けて売却できなくなってしまったという。

ロシアへの制裁や欧米企業の撤退も職場環境に打撃となった。

ロシア電気通信協会は、二〇二二年三月二十一日、欧米諸国の制裁とＩＴサービスや製品の提供停止を受け、デジタル経済の発展を担うべきＩＴ人材の不足がさらに深刻化していると悲鳴を上げた。業務上、必要不可欠なＩＴサービスや製品が使えなくなってしまったため、二～三月だけでロシアを離れたＩＴ人材の数は七万人に上る。この第一波は、トルコ、アラブ首長国連邦、アルメニア、ジョージア、東南アジア、バルト三国に向かったようだ。

問題を重く見たウラジミール・プーチン大統領は、三月八日、ＩＴ企業への支援法令に署名し、所得税を三％からゼロに下げた。さらに、通常であれば十八から二十七歳の男性に課せられている兵役の義務を二十七歳以下のＩＴ技術者には免除すると定めたのである。

それでも出国の勢いは止まらず、ロシア電気通信協会は四月の第二波でさらに七万から十万人が出国すると見ている。ロシア情報技術・通信省の十二月下旬の推定では、ＩＴ人材の一割が二〇二二年にロシアを出国したまま戻らなかった。

二〇二〇～二一年にロシアを離れると決意したＩＴ人材の数が一万～一万五千人（カスペルスキー社の推定）に過ぎなかったことを考えれば、軍事侵攻後の短期間にどれだけ急激に人材が流出してしまったかが窺えよう。

二〇二二年四月十三日付の米ニューヨーク・タイムズ紙オンライン版は、ロシアの将来の産業を担う優秀な若者たちが大量に流出してしまうため、ロシア経済に長期的な悪影響を及ぼすだろうと分析している。

ロシア政府は問題の打開のため、あっと驚く奇策に打って出た。四月二十七日のロシア国内の複数の報道によると、ロシア連邦刑執行庁が、ロシア国内で服役中のIT人材をロシア国内の民間企業にリモート勤務させる計画を発表したのである。

同庁のアレクサンダー・ハバロフ副長官は、四月二十七日付のロシア有力経済紙「RBC」に対し、複数の地域の実業家たちからそうした提案を受けたが、需要があるだろうとの見通しを示した。ロシアの刑法では、居住していた地域または有罪判決を受けた地域の刑務所での服役が求められる。そのため、副長官は、テレワークにすれば法の制約を回避できると考えたようだ。二〇二一年の春の時点で、ロシア国内の七十六の地域に刑務所が百十七カ所ある。

イスラエル系サイバーセキュリティ企業「サイバーリーズン」のリオ・ディブCEOは、ウクライナに対する戦争でサイバー犯罪者を使うために逮捕していたのではないかと見ている。

二〇二二年一月、ロシア連邦保安庁（FSB）は、米国政府の要請に従い、ランサムウェア攻撃者集団「レビル」のメンバーを逮捕し、同集団を解体したと発表した。レビルは二〇一九年以降、活発にランサムウェア攻撃をしてきたサイバー犯罪者集団である。例えば二〇二一年五月、食肉世界最大手「JBS」への攻撃では、北米とオーストラリアの食肉処理工場が三日間稼働を停止してしまった。

ウクライナ国家特殊通信・情報保護局によると、ロシアの優秀なIT・サイバーセキュリティ人材は政府系ハッカー集団で働きたいと思っておらず、それくらいなら国外に移住してしまう。もともと政府系ハッカー集団は慢性的な人材不足に悩んでおり、各チームは、五〜十人のハッカーと十〜十五人の分析官から構成されているという。また、政府系ハッカー集団は、二〇二二年に標的の一部を親ロシア派の犯罪者集団やハクティビスト集団にアウトソースし、生データを受け取っていた。

軍事侵攻から約一年経つと、今度は、ロシア企業に国外からテレワークで勤めているIT技術者を連れ戻すことやハッカーの刑事免責がロシア連邦議会で検討され始めた。ロシア企業に国外から勤めているIT技術者は、二〇二三年一月時点で十万人いると見られる。ロシアのタカ派の国会議員たちは、IT人材をロシア国内に連れ戻すと共に、

NATO加盟国に機微情報が漏れるのを防ぎたいと考えているようだ。とはいえ、ロシアのデジタル開発・通信・マスコミュニケーション省はこの法案が通っても人材が帰ってくると楽観視している訳ではないらしく、「結局のところ、外国企業を含め、才能のある人材を惹きつけられるところが勝つのだ」と二〇二二年十二月に述べている。

ロシア連邦議会下院のアレクサンドル・ヒンシュテイン情報政策委員長は、二〇二三年二月十日、ロシアの国益に沿って活動する国内外のハッカーの刑事免責について検討中と記者団に対して明らかにした。「敵に対して効果的に戦うには、あらゆるリソースを有効活用する必要があると確信している。敵から攻撃を受けたならば、ロシアは適切に対応できる能力を持つべきだ」とも言っている。ロシア議会は、この提案を形にするため、今後詳しく議論していく。

欧米は、サイバー犯罪者たちがロシアの組織を標的にしない限り、ロシア政府から活動に対する暗黙の了解を得ているとして批判してきた。この法的措置が実現すれば、国内外のハッカーに免責が制度的にも適用され、親ロシア派のハッカー集団のキルネットなども該当することになろう。

制裁で生活が苦しくなったロシア人サイバー犯罪者たち

米英独仏などの首脳は、二〇二二年二月二十六日、ロシアへの追加制裁の一環として、ロシアの一部銀行を国際銀行間の送金・決済システム「ＳＷＩＦＴ」から排除する旨を決定した。岸田文雄首相も、翌日、この制裁に加わると発表している。

二月二十七日時点でアップルペイとグーグルペイ、三月一日時点でマスターカードとＶＩＳＡは制裁対象になっているロシアの銀行との取引停止を発表、三月五日にはペイパルもロシア国内でのオンライン決済サービス停止を明らかにしている。

世界的な決済手段がロシアで使えなくなってしまったことは、ロシア人サイバー犯罪者たちの活動に少なからず影響を与えているようだ。

サイバー犯罪者の中には、日中、工場での勤務など、真っ当な仕事をしている者たちもいる。ところが、ロシアへの制裁で物流が止まり、そうした仕事ができなくなってしまったらしい。英サイバーセキュリティ企業「デジタルシャドウズ」（買収のため、現在は米「リライアクエスト」社の一部）が調べたオンライン・ハッカー・フォーラムでは、軍事侵攻後間もなく「次に何をする？」という名前のスレッドが立った。ポーランドやドイツからのロシアの工場への物資の供給が止まってしまったため、工場の経営層が「事態が改善する」まで工員百人を帰宅させてしまったらしい。「（工員の多くには家族やローンがあるのに、）どうやったら金を稼げる？」と犯罪者仲間たちに必死になって尋ね回った。「出口が見えないよ」と嘆くハッカーもいた。

暮らしぶりは半年経っても改善しなかったようだ。「デジタルシャドウズ」が二〇二二年九月時点でロシア語を話すサイバー犯罪者たちのオンラインフォーラムを確認したところ、ロシアによるウクライナへの軍事侵攻後、生活が苦しいとの愚痴が書き込まれていた。ある犯罪者たちは、頑張っても何もうまくいかないと嘆き、「貧乏暮らしはもうイヤ」と投稿している。

ロブ・ジョイス米国家安全保障局（NSA）サイバーセキュリティ局長は、二〇二二年五月、英国政府主催の年次国際サイバーセキュリティ会議「CYBERUK」に登壇した際、ここ一、二カ月ランサムウェア攻撃が減っていると明らかにした。それにはいくつかの要因が考えられるが、制裁のため、ロシアに住んでいるサイバー犯罪者たちが金銭の授受や、サイバー攻撃のためのITインフラの入手が難しくなっていることが大きいのではないか、としている。

確かに、二〇二二年にランサムウェア攻撃の検知数が四％減ったとの米IBMの調査結果はある。米ブロックチェーン分析会社「チェイナリシス」の調べでは、二〇二二年のランサムウェア攻撃者への支払額が四億五千六百八十万ドル（約六百四十億円）となり、前年よりなんと四〇％減となっている。米国政府がランサムウェア攻撃者への制裁を強化する中、身代金の支払いが違法行為と見做されるのを恐れ、多くの組織が払わなくなってきたようだ。

ただ、ロシアのサイバー犯罪者が欧米諸国へのサイバー攻撃で得た利益の送金は、完全に止まってしまった訳ではない。米サイバーセキュリティ企業「フラッシュポイント」が二〇二二年二〜三月のダークウェブ上のサイバー犯罪者たちの会話を分析したところ、全てのロシアの銀行がＳＷＩＦＴへのアクセスを止める制裁を受けているわけではないため、その銀行を使った送金はできていたようだ。他にも、アルメニア、ベトナム、中国など、ロシアの銀行への制裁を行なっていない第三国の銀行を使う迂回ルートもあった。

また、米サイバーセキュリティ企業「レコーデッド・フューチャー」の二〇二三年三月の調べでも、仮想通貨対応のプリペイドバーチャルクレジットカードを使うなどして、ロシアのサイバー犯罪者たちが制裁逃れをしている様子が窺える。

資金不足を解消したせいもあるだろう。少なくとも二〇二三年二月の時点で、ロシアのサイバー犯罪者たちの活動は再び活発化した。「チェイナリシス」によると、同年七月時点でランサムウェア攻撃は再び活発化しており、身代金の支払総額が既に前年に迫る勢いだ。ランサムウェア攻撃者の多くはロシアにいるため、同社は、ウクライナで続く戦争がランサムウェア攻撃の急増に何らかの影響を及ぼしているのではないかと睨む。「攻撃者たちが安全な場所に移ったのか、兵役が終了したのか、ひょっとすると攻撃しろとの命令が出たのかもしれない」。

ロシア軍戦死者への顔認識技術の適用で物議

論議を呼んだウクライナへの技術支援がロシア軍戦死者への顔認識技術の適用である。軍事侵攻直後、顔認識技術を専門とする米スタートアップ企業「クリアビューＡＩ」のＣＥＯは、ウクライナ政府に書簡を送り、技術への無料アクセス提供を申し出た。

同社の百億枚以上の顔写真が入ったデータベースには、ロシア版フェイスブックともいうべき同国最大のソーシャルメディア「フコンタクテ」から抽出した二十億枚以上の写真が含まれている。そのため、ロシアの工作員の発見や散り散りになったウクライナ人家族たちの再会に役立つのではないか、というのが当初の打診であった。ウクライナ国防省は、早速二〇二二年三月十二日から使用を始めている。ロイターが報じた。

しかし、ウクライナは他の使い方を選んだ。三月二十三日、ウクライナ政府は、同社の技術を使って戦死したロシア兵士の身元を特定し、家族や友人に連絡をしていると「フォーブス」誌に対して認めた。ミハイロ・フェドロフ副首相は、「兵士の母親たちのため、ソーシャルメディアを使って御子息が亡くなられたと知らせ、御遺体を引き取れるようにしている」と述べている。また、この活動の究極の目標は、「『特別軍事作戦』では誰も『徴兵されず』、『死なない』との作り話を打破することにある」と主張した。

だが、同社は二〇二一年十二月、本人に無断でソーシャルメディアから顔写真を収集しているとして、カナダの三つのプライバシー団体からそうした行為を止めるよう勧告を受けていたという経緯がある。

更に翌二二年五月、英当局は、同社が英データ保護法に違反して個人情報を収集しているとして、七百五十五万二千八百ポンド（約十四億円）の罰金を科したと発表。英国民のデータの収集停止と、英国民のデータのシステムからの削除を命じている。

米非営利人権団体「監視技術管理プロジェクト（S.T.O.P.）」の創設者であるアルバー

ト・フォックス・カーンは、顔認識技術の戦時における利用が取り返しのつかない悲劇をもたらしかねないと批判している。「戦時に顔認識を間違えれば、無実の人々が銃撃される恐れ」があり、「戦死者の身元特定を誤れば、身内が戦死していない家族に胸の張り裂けるような思いをさせてしまう」からだ。

また、戦闘員の継戦意欲を削ぎ、戦争の終結を早めるための情報戦にしても、それはあまりにも残酷な仕打ちではないかとの指摘もある。苦悶の表情を浮かべたロシア軍兵士の泥まみれになっている遺体の写真をIT軍がその母親に送ったところ、「なんで、こんなことをするの？　死んでほしいわけ？　私はもう死んでいるのと同じ。楽しんでいるんでしょ」とのメッセージが返ってきた。

四月十五日付米ワシントン・ポスト紙によると、ウクライナ政府は開戦以降の五十日間で、このクリアビューAIの技術を使って、死亡または捕虜にしたロシア軍兵士の顔認識を八千六百回以上実施し、家族に連絡をしている。IT軍は、五百八十二人のロシア兵の死亡について家族に連絡し、ウクライナ国内に置き去りにされた遺体の写真も送ったという。

更にウクライナは、この技術を使って、ウクライナで略奪をしていたロシア軍兵士たちの身元特定も進めている。フェドロフ副首相は、四月八日、ウクライナ人の家から略奪した百キログラムもの衣類をベラルーシの自宅へ送る際の動画から取ったとされる男性の写真と名前をツイートし、「我々の技術で全員を見つける」と宣言した。

第九章　台湾有事への影響

二〇二二年以降、米国企業の幹部や米国政府高官が、相次いでウクライナ軍事侵攻の台湾情勢への影響についての言及や台湾有事への備えの呼びかけをするようになった。

元ＦＢＩ高官で、現在米サイバーセキュリティ企業「クラウドストライク」の最高セキュリティ責任者を務めるショーン・ヘンリーは、米西海岸サンフランシスコで毎年開かれている世界最大級のサイバーセキュリティ会議「ＲＳＡ会議」に同年六月に登壇した際、会議に参加した企業の最高情報セキュリティ責任者（ＣＩＳＯ）を前に、台湾侵攻に備えるよう求めている。「サプライチェーンが止まってしまったら、どうするのか考えておられますか？　業務継続性はどうなるでしょうか？」

実際、多国籍企業の経営層たちは、台湾有事のあらゆるシナリオに備え、危機対応計画の作成に追われている。その動きは、二〇二二年八月のナンシー・ペロシ米下院議長の訪台後の中国人民解放軍による大規模な軍事演習を受けて加速した。英大手通信事業者のBTの調達部門は、ペロシ訪台後に二日間の演習を行い、台湾有事が半導体を含め、同社のサプライチェーンにどのような悪影響を及ぼすか検証している。演習には、中国が台湾近くで船を沈没させた場合のシナリオも入っていたという。

また、二〇一九年九月から二年間にわたりインド太平洋軍副司令官を務めた経験を持つマイケル・ミニハン米航空機動司令部司令官は、「間違っていると良いのだが。直感では、二〇二五年に戦う気がする」との二〇二三年二月一日付の内部メモを部下の指揮官らに送付した。習近平国家主席が三期目に入り、戦争諮問委員会を二〇二二年十月に設立し、台湾総統選が二〇二四年に行われることから、習主席にとって動機付けになるのではないかと分析している。また、二〇二四年には米大統領選挙があり、米国はそれに気を取られてしまうため、習近平国家主席のチーム、動機付け、チャンスが二〇二五年に全て出揃うことになるからだ。

その上で、ミニハン司令官は戦争に備え、私生活を振り返り、訓練に励むよう部下たちに求めた。

内部メモであるにもかかわらず、ツイッター上で文書のスクリーンショットが拡散してしまったため、世界的に注目を集めることとなった。

米空軍の広報担当は、この内部メモが本物であることを認めている。一方、国防総省当局者は英フィナンシャル・タイムズ紙の取材に対し、「（ミニハン司令官のコメントは）国防総省の中国に関する見解を代表するものではない」と述べた。

二〇二三年二月に米ワシントンD.C.市内のジョージタウン大学で講演したウィリアム・バーンズ米中央情報局（CIA）長官は、習近平国家主席がウクライナでのロシア軍の劣勢とロシア製兵器の性能の低さに動揺しているようであるものの、台湾統一への野望を過小評価すべきではないと警鐘を鳴らした。インテリジェンスによると、習国家主席は人民解放軍に対し、二〇二七年までに台湾へ侵攻する準備をするよう命じたという。「だからと言って、二〇二七年またはその他の特定の年に侵攻すると決定した訳ではないが、同氏の執着と野心の本気度が浮き彫りになった」と分析している。

ウクライナ戦争の内情をサイバー攻撃で探る中国

二〇二二年四月一日付英タイムズ紙は、ウクライナ保安庁の資料を入手し、ロシアによるウクライナ軍事侵攻の直前、中国がウクライナ軍と核施設に大規模なサイバー攻撃を実施したとスクープした。ウクライナ国防省やその他の機関の六百以上のウェブサイトに対し、数千回ものサイバー攻撃があったという。国境警備隊から国営銀行、鉄道当局など多岐にわたる標的への侵入を試みていたようだ。実際にどれくらいの被害を出したのかは不明だが、妨害目的ではなく情報収集のためだったようである。

しかも興味深いことに、中国のサイバー攻撃は、同年二月四〜二十日に行われた北京冬季オリンピックの終了前に始まり、ロシア軍が侵略を開始する前日の二月二十三日にピークに達していた。

ただし、ウクライナ保安庁は、四月一日の夜、サイバー攻撃に関するこのような情報を出していないと否定している。

ここで問題となるのは、中国が軍事侵攻前に行ったとされるサイバー攻撃はロシアを助けるためのものだったのかどうかだ。

米ニューヨーク・タイムズ紙は、三月二日、バイデン政権の関係者とヨーロッパ当局者の話として、軍事侵攻を北京冬季五輪の終了まで遅らせるよう中国の政府高官がロシアに頼んでいたと報じた。この要請が習近平国家主席からプーチン大統領に対するものかどうかは不明である。それでも、要請が事実とすれば、中国政府は、ロシア政府によるウクライナへの軍事侵攻を少なくとも事前に知っていたことになる。

四月七日付の英BBCの報道では、中国のサイバー攻撃はウクライナだけでなく、ロシアやベラルーシ、ポーランドを標的としていたとされる。欧米の情報機関関係者は、「二月下旬以降、中国のサイバー攻撃者がウクライナ、ロシアとベラルーシの政府と軍のネットワークにサイバー攻撃を仕掛けている。最近の中国のサイバー攻撃において、かなりの標的となっているのがロシアだ」と考えている。

BBCはこれが事実かどうか立証できなかったようだ。事実であれば、中国はロシアを助けるためではなく、戦争当事者双方の内部事情を把握するためにサイバー攻撃をしていたのかもしれない。

尚、軍事侵攻開始以降も中国はウクライナ情勢に関心を持っていたようだ。戦争が始まってから、ロシアを除いてウクライナに対するサイバースパイ活動を最初に仕掛けた国は、中国である。米サイバーセキュリティ企業「センチネルワン」は、サイバースパイ集団「スカラブ」が二〇二二年三月中旬からなりすましメール攻撃をウクライナに仕掛けているのを見つけた。このサイバースパイ集団は、少なくとも二〇一二年から活動しており、地政学的なインテリジェンスを収集している。

ウクライナ戦争からの教訓を中国が台湾情勢に悪用する可能性

英米の政府高官らは、中国がウクライナで続く戦争から学んだ教訓を台湾有事で悪用するのではないかとの危惧を早い段階から度々表明してきた。

リンディ・キャメロン英国家サイバーセキュリティセンター長官は、二〇二二年五月、英国政府主催の年次国際サイバーセキュリティ会議「CYBERUK」のパネルで、アジア太平洋地域において悪意を持った国が今回のウクライナ紛争から教訓を学び、それを今後に活かそうとしているのではないかとの懸念を示した。

クリストファー・レイFBI長官は、同年六月のボストン・カレッジでの講演で、中国が今後のサイバー戦のため、ウクライナにおける戦いを研究していると警告した。台湾攻撃に関連して、米国を如何に抑止・妨害するか模索しているという。翌年四月に米下院歳出小委員会で証言した際には、中国が台湾を数年後、下手をすると数カ月以内に侵攻するための準備を進めているように見える上、「どの主要国よりも巨大なハッキング・プログラムを有している」と危惧している。

では、具体的にどのような攻撃の手法が台湾有事で使われる恐れがあると見られているのだろうか。

ミカ・ヨヤン国防次官補代理（サイバー政策担当）は、二〇二二年六月のワシントンD.C.市内のイベントに登壇した際、ロシアがウクライナの占領地域で検閲のためにインターネット回線をロシアの通信事業者経由に切り替えていることに言及した。その上で、こうした手口が将来、中国の戦略に取り入れられる可能性があると指摘している。

残念ながら、危機感を煽るだけでなく、どう備えれば良いのか、具体的な助言を公の場で共有する政府高官は少ない。ロブ・ジョイスNSAサイバーセキュリティ局長は、例外的に、台湾有事への備え方について経営層に役立つアドバイスをしてきた。同局長は、二〇二二年十月中旬にセキュリティ・イベントに登壇した際、ロシアがウクライナに対して行なっているサイバー攻撃が中国と台湾間で発生した場合どうなるのか、同じシナリオを使って、経営層と取締役を交えた机上演習を実施して確認すべきだと助言している。

また、二〇二三年四月の米戦略国際問題研究所（CSIS）主催のイベントでは、前年二月の軍事侵攻発生時に米国企業が急遽、難しい決断を迫られ慌てたことを振り返り、台湾侵攻に備え、今から行動を取るよう経営層に促した。戦闘地域から社員をどう退避させるのか、戦争当事国にいるシステム管理者に権限をどれだけ持たせておくのか、戦争当事国の社内ネットワークとそれ以外の地域のネットワークを切り分けるのかどうか、戦争当事国から事業を引き揚げるのかどうか、どれをとっても一筋縄ではいかない。だからこそ「今からリスクをどれだけ取れるのか、難しいが事前に決断するためにも机上演習をし、コストをかけてでも解決すべき問題がどこにあるのか把握すべき」と提言している。

米国政府内でもウクライナの教訓を学び、台湾有事に備えようとの動きが出ている。ジョン・カーコファー米国防情報局（DIA）参謀長は、二〇二二年十一月末に登壇したオンライン・イベントで、同局が「中国任務部局」を新設すると明らかにした。ウクライナ情勢から特に兆候と警告に関する教訓を学んで中国・台湾シナリオに適用し、DIAの上層部や他の情報機関に一元的に情報提供するための部署だという。新設部署は、DIAの分析や科学技術担当の職員で構成されており、同年十一月時点で業務の一部を既に開始していた。

カーコファー参謀長は、DIAも他の防衛関連官庁と同様、ハワイの米インド太平洋軍に要員と技術を移しており、台湾有事に備えたインド太平洋の動きが窺える。

中国任務部局の関心分野には、中国のサイバー能力と人工知能技術の開発が含まれており、サイバー攻撃による知的財産の窃取や人工知能を使った監視を懸念しているという。そのため、同部局ではビッグデータ分析を向上させるためにデータサイエンティストを雇用している。

このDIA中国任務部局長に就任したダグ・ウェイドは、二〇二三年三月、台湾有事の最初の兆候がサイバー攻撃など、紛争の閾値のかなり下で起きる可能性について警鐘を鳴らした。

さらに、超党派の米国議員が同年四月、台湾サイバーセキュリティ抗堪法案を提出した。成立すれば、米国防総省が台湾にサイバーセキュリティ研修演習を実行できるようになる他、台湾軍とインフラの防御、米国のサイバーセキュリティ技術を使って中国からのサイバー攻撃を防ぐ支援をできるようになる。

同年七月、米下院が可決した国防権限法案にも台湾軍のサイバーセキュリティ能力強化に向けた施策が含まれている。包括的な訓練、助言、組織的な能力構築のためのプログラムを台湾軍と協力して作るよう、米国防長官に促す内容だ。

年次「漢光演習」で重要インフラ企業防御シナリオを試す台湾

ウクライナでの戦争で判明したように、重要インフラを守り、電力や通信などのサービスの供給を続けるためには、サイバー空間だけでなく、リアル空間でも防御力が大切となる。

台湾の国防部（国防省）は一九八四年以降、中国の台湾侵攻を想定した大規模軍事演習「漢光演習」を毎年実施している。二〇一六年八月の演習では、台湾のコンピュータネットワークや通信のダウンを狙ったサイバー攻撃に対応するシナリオが盛り込まれ、台湾軍のサイバー部隊の他、初めて民間のサイバーセキュリティとＩＴの専門家二十人が参加した。民間の専門家は、サイバー部隊の要員の訓練も行なったとのことである。

また、少なくとも二〇二一年の漢光演習からは、敵軍による重要インフラへの武力攻撃への対応シナリオが官民連携で既に試されている。二〇二一年九月十四日の演習では、敵軍が台北市の台湾通信事業者大手「中華電信」の機械室を奪い、破壊し、通信網を麻痺させるのを防ぐため、装甲車に乗った台湾軍の憲兵が中華電信に向かった。

二〇二二年七月二十五～二十九日に行われた「漢光演習」では、中国人民解放軍の上陸作戦やミサイル作戦だけでなく、電子戦、サイバー攻撃への対応シナリオも盛り込んだ。さらに、七月二十八日の演習においては、中華電信の施設に敵が侵入して通信が止まるという最悪のシナリオも試した。最終的には台湾軍が火力で敵を制圧し、通信の安全を再度確保できたとのことである。消防、警察も演習に参加している。

演習で通信を本当に短時間でも止めたかどうかまでは、報道や台湾軍の発表からは不明だ。しかし、実際に通信を止めたのだとすると、台湾軍や政府機関だけでなく、電力、金融、医療など他の重要インフラ企業や市民がどのような代替手段で連絡を取り合うのか、社会的大混乱に政府がどう対応するのかも当然試しただろう。

漢光演習では、おそらく演習での時間の制約上、一日以内に台湾軍が通信を復旧できたことにしている。だがウクライナでのロシア軍による重要インフラへの火力とサイバーを使った攻撃を見ると、有事における重要インフラサービスのダウンは長期化してしまう恐れがある。この台湾の演習は、日本の防衛省・自衛隊だけでなく、日本の重要インフラを使う米軍にも学ぶ点が多いのではないか。

海底ケーブル切断で台湾離島の通信が断絶、現金決済に

ロシアによるウクライナへの軍事侵攻後、改めて通信の重要性に関心が集まると共に、台湾有事における通信の確保への懸念が高まった。

戦時下にあっても通信サービスの維持を相当部分続けられているウクライナでは、インターネットインフラの多くが陸路で近隣諸国と繋がっている。加えて、スターリンクの衛星通信サービスも使える。

対照的に、台湾では通信の約九五%が海底ケーブルを通る。台湾でも衛星通信はあるが、海底ケーブルの帯域のわずか〇・〇二%ほどしかない。台湾では通信事業者への直接外国投資の割合を四九%に制限しているため、国際的な衛星通信会社からの関心を集めにくいという事情がある。

台湾有事の際、台湾に繋がっている十四本の海底ケーブル全てを中国が切ったらどうなるか。そうした危機感が台湾で高まる事件が二〇二三年二月に起きた。台湾の馬祖列島と台湾本島を結ぶ二本しかない通信用の海底ケーブルのうち、二月二日に一本目、二月八日に二本目が切断されたのだ。二日に中国籍の漁船が、八日に中国籍の貨物船が、馬祖列島の近くを航行中に切断したと見られる。

二本目の海底ケーブルが切れた直後、台湾の国家通信放送委員会の翁柏宗副委員長兼報道官は、意図的な切断であったと断定できるものは発見されていないと記者団に述べた。確かに、海底ケーブル切断の主要因は、漁業活動と海底地震である。

ただ、この海底ケーブルを管理している中華電信は、二本の海底ケーブルが同時期に損傷を受けるのは初めてだとしている。過去五年間に二十七回も台湾で切断が発生しているのは、頻度が高すぎるとアジア太平洋ネットワーク情報センター（APNIC：アジア太平洋地域のIPアドレスの付与を担当している国際機関）が二〇二三年三月に指摘している。台湾当局とメディアには、馬祖列島の近海で中国の船が違法な砂の浚渫を続けた結果、海底ケーブルが露出してしまい、切断しやすくなってしまったのではないかと見る向きもある。

馬祖列島は、中国福建省東沖にあり、三十六の小島からなる。同列島の一つ東引島は中国沿岸からわずか四十八キロメートルしか離れていない。この東引島の住民が今回の海底ケーブル切断によって、電話が四日間、インターネットが数週間使えなくなる大打撃を受けた。POS端末も使用不能になり、人々は現金決済に切り替えなければならなくなってしまった。

中華電信は、台北市郊外の陽明山から馬祖列島までマイクロ波無線方式の伝送路で結んだが、インターネット通信需要の四分の一しかカバーできない。台湾野党の民主進歩党の地元の李問支部長によると、「ショートメッセージを送るのに十分以上、写真を送るとなるともっとかかる」という。しかも台湾には損傷した海底ケーブルを自前で修理する能力がないため、海外の業者に委託する必要がある。

切断された海底ケーブルのうちの一本は、五十日後の三月三十一日になってようやく復旧した。残る一本の修理にはさらに二カ月かかる見込みである。

海底ケーブルが二本とも切断されている間、政府の重要施設、病院、台湾軍の前哨基地への通信サービスが優先された。観光業が地元の主要産業であるにもかかわらず、ホテルの予約サービスや輸送サービスが使えなくなってしまい、地元経済への影響が懸念されている。

通信確保のため台湾版衛星通信プログラムを試行

馬祖列島での通信遮断事件が発生する前から、台湾は、ウクライナの教訓に学び、通信の維持の重要性に着目していた。

台湾のオードリー・タン（唐鳳）デジタル大臣は、二〇二二年九月、「我々は、二月のロシアによるウクライナへの軍事侵攻を注視している。全世界がそこで何が起きているかをリアルタイムで把握できる」と記者団に語った。リアルタイムで高品質な通信を維持できるかどうかは、自国民だけでなく、台湾を気にかけてくれている世界中の人々にとっても大事であり、そうすることで国際的な支援を確保できると指摘している。

タン大臣のその際の発表には、通常の通信手段が切断されてしまったとしても、台湾の指揮システムを維持するため、今後二年間かけて五億五千万台湾ドル（二十五億円強）規模の衛星通信プログラムを検証していく計画が入っていた。台湾企業数社が既に国際衛星サービス事業者と協議に入っているとも述べたものの、詳細は明らかにしなかった。

台湾のローカルメディア「信伝媒」の二〇二三年一月の報道によると、総統府直轄の国家安全会議の指示のもと、タン大臣率いるデジタル発展部、台湾国家宇宙センターと台湾の民間企業は、スターリンクのような低軌道衛星を使う独自企業の設立を目指している。台湾政府が支援を依頼したのは、地元企業の創未来科技股彬有限公司だ。フェーズドアレイシステムの開発実績があり、通過時の速度が速い低軌道衛星を安定的に追従し、データを地上の受信機に送るのに使えるのではないかと白羽の矢が立てられた。

タン大臣率いるデジタル発展部は、台湾内外七百カ所に非静止軌道衛星の受信機を設置し、戦時や災害時にも必要な帯域を確保できるかどうか実験を進めている。同大臣は、実際に運用できるようになるまで数年かかるだろうとの見通しを英フィナンシャル・タイムズ紙に明かした。

一方、台湾政府が、衛星通信事業を軌道に乗せられるかどうか疑問視する声もある。世界で運用されている低軌道衛星の四〇％を所有しているのは、スペースXだ。多くのスタートアップ企業が参入しようと鎬を削っている中、差別化は容易ではないだろうとITコンサルタント「ガートナー」のビル・レイ副社長は分析する。

台湾政府も高い参入障壁は重々承知しているはずだ。それにもかかわらず、独自の企業にこだわるのには訳がある。スペースXのイーロン・マスクCEOが保有するテスラでは、売上の四〇％を中国に依存しているためだ。

台湾は従来、防衛予算を戦車など高額な装備品に費やしてきた。だが、蔡英文政権は防衛予算の効率的な運用を目指しており、今回の台湾独自の企業立ち上げによるインターネットのレジリエンシー強化は、そうした動きを反映している。

ところが、二〇二三年四月上旬に興味深い動きがあった。マイケル・マッコール米下院外交委員長（共和党）とフレンチ・ヒル米下院議員（共和党）らが訪台し、蔡英文総統と面会した際、台湾へのスターリンク導入を提案したのだ。両議員は、太平洋における中国の優れたインテリジェンス、監視、偵察能力に懸念を表明し、台湾がその能力を向上させるのにスターリンクが役立つのではないかと述べた。

台湾総統府は、本件についてノーコメントを通している。ただ、マッコール一行は、台湾の半導体や航空宇宙業界のトップらとも面会したと認めている。米台産業界の連携強化対象に、衛星を含む航空宇宙も入っている点は注目に値するだろう。

今後、台湾が留意しなければならないのは、ジャミングとサイバー攻撃への対応である。スターリンクもウクライナへの支援開始後、そうした攻撃を相当受けている。スペースXのイーロン・マスクは、二〇二二年五月十日、「スターリンクはロシアのジャミングとハッキングの試みに耐え抜いているが、彼らは攻撃を増やしてきている」とツイートした。

実際、ロシアのスターリンクへのサイバー攻撃はその後、より巧妙になったようだ。ウクライナ政府は、二〇二三年七月、スターリンクを使ってインターネットにアクセスする場合のリスクが高まっているとして、ウクライナ兵士にアンチウイルスソフトの使用を呼びかけている。サイバー攻撃を仕掛けてきたのは、ロシア連邦保安庁（FSB）

系のサイバースパイ集団「ガマレドン」だった。

人民解放軍系の研究者たちも、スターリンクへの対抗手段の開発に関心を寄せている。人民解放軍戦略支援部隊の北京追跡通信技術研究所の任元珍研究員らは、軍事技術に関する学会誌に二〇二二年四月、スターリンクへの対抗手段の開発を勧める趣旨の寄稿をした。

この論文では、スターリンクに接続した米軍のドローンやステルス機がデータ送信速度を百倍以上、上げられると見積もっている。その上で、中国が、スターリンク衛星を追跡・監視する未曾有の規模と感度をもつ監視システムなど、対衛星能力を開発する必要があると主張。また、ソフトとハードの手段を組み合わせて、スターリンクの一部衛星の機能を失わせ、コンステレーション（多数の小型人工衛星をあたかも星座のように大規模に拡散させ、高速・低遅延通信を実現）の運用システムを破壊できるようにするべきだとも指摘している。

台湾が衛星通信能力を獲得していくに当たり、サイバー攻撃やジャミングなどへの対応能力も並行して高めていく必要があろう。

二〇二二年夏のペロシ米下院議長訪台時のサイバー戦と今後への示唆

二〇二二年八月二～三日にナンシー・ペロシ下院議長（当時）が台湾を訪問し、蔡英文総統と会談した。反発した中国は、大規模軍事演習に加え、電子戦、情報戦、サイバー攻撃を行った。

中国人民解放軍は、八月二日夜から台湾周辺で軍事演習を行い、四日正午から七日正午まで台湾を取り囲む六カ所の海空域で軍事演習や実弾射撃を実施した。八月四日には中国人民解放軍の発射した弾道ミサイル五発が日本の排他的経済水域（EEZ）に撃ち込まれている。

同時に、目に見えにくい領域でも攻防が行われていた。

中国国営のテレビ局「中国中央電視台」は、中国人民解放軍の海軍と空軍が、八月二日、「抑止のため」、複数の場所からペロシ下院議長を乗せた米空軍機をクアラルンプールから台北まで追跡・監視したと報じた。ところが、香港のサウスチャイナ・モーニング・ポスト紙は、中国人民解放軍に近い筋の話として、「中国は殲16D（J16D）電子戦機や055型駆逐艦などを送り、ペロシ下院議長の航空機を追跡しようとしたが、失敗した」と明かしている。「米国防総省が護衛のために送った米空母機動部隊が電子妨害したため、中国人民解放軍の電子戦機器のほとんどがうまく作動しなかった」。

電子戦に加えて情報戦とサイバー戦も行われた。国防部は偽情報を「軍事力による統一の雰囲気作り」「台湾政府の権威への攻撃」「軍と市民の士気の低下を目指すもの」の三種類に分けている。

国防部の八月八日時点での集計では、一週間に偽情報拡散の試みが二百七十二回も確認されている。ソーシャルメディア上で拡散した偽情報には、「中国政府が台湾在住の中国人の退避を計画している」などもあった。

オードリー・タン・デジタル大臣は、八月二日時点で台湾政府へのサイバー攻撃が通常の二十三倍にも増えたと述べている。ペロシ下院議長到着の数時間前には、総統府のウェブサイトに海外からDDoS攻撃があり、二十分ほどダウンしてしまった。その他にも、外交部や国防部、台湾桃園国際空港のウェブサイトも一時アクセス不能になっている。外交部は、八月五日、ウェブサイトが二日だけでなく、四日と五日にも数時間ダウンしたと明かし、中国とロシアのＩＰアドレスがサイバー攻撃に使われたと発表した。

心理的な嫌がらせのためと思われるサイバー攻撃も仕掛けられた。下院議長到着の翌日、台湾の複数箇所のセブン‐イレブンの店舗のテレビ画面がハッキングされ、「戦争を挑発する輩ペロシ、出ていけ」とのメッセージとペロシ下院議長の顔写真が表示されるようになってしまった。さらに、台湾南部の高雄市にある台湾鉄道の新左営駅の電光掲示板もハッキングされ、下院議長を「年老いた魔女」などと罵る言葉が表示された。また、高雄市観光保護局飲料水管理のウェブサイトは八月五日の夜から翌日朝にかけて改竄され、自治体の名前の周りを中国国旗の星が取り囲んだのである。

そこで気になるのは、サイバー攻撃を行ったのは誰かだ。

八月三日、「27Attack」を名乗るハッカー集団がペロシ訪台への報復として台湾政府と重要インフラにサイバー攻撃したとツイッター（@APT27_Attack）とユーチューブ上で主張した。ツイッターのアカウント名にある「APT27」とは、少なくとも二〇一〇年から活動している中国政府系のサイバースパイ集団だ。しかし、「27Attack」自体はAPT27との関連を否定しており、わざと混乱を狙った可能性がある。

米陸軍士官学校陸軍サイバー研究所の助教とポスドク（博士号取得後に任期制の研究職に就いている者）の研究者は、八月十五日に米外交問題評議会から出した論考において、中国政府が関与したかどうかは不明であると分析している。中国政府が台湾の民間重要インフラ企業へ大量のサイバー攻撃をすれば、事態がエスカレートする恐れがあるものの、今回はそうしたサイバー攻撃はなかった。しかし、中国政府のリスク受容度が今後変わる可能性はあると指摘している。

DDoS攻撃とウェブサイトや電光掲示板の改竄を行うために必要なスキルはそれほど高いものではなく、ワイパーに比べれば烈度も低い。今後、台湾有事が発生した場合、サイバー攻撃が同時並行して行われるとすれば、その程度の攻撃で済むのだろうか。

米連邦議会が二〇〇〇年に設置した超党派の諮問機関「米中経済安全保障調査委員会」が二〇二二年十一月に出した年次報告書には、「中国がこの十年間、サイバー能力を大幅に強化し、米国のサイバー空間にとって恐るべき脅威となっている」と記した。具体的にどのようなサイバー攻撃能力であるのかにまでは踏み込んでいない。しかし、改竄やDDoS攻撃以上の烈度を持ったサイバー攻撃であるとすれば、おそらく重要インフラや政府・軍の機能を妨害するためのワイパーのような攻撃ツールを指しているのではないかと予想される。

おわりに　日本は何をすべきか

防衛省・自衛隊を含め、日本一丸となってのサイバー防御能力強化を

ウクライナ・台湾の情勢を受け、日本がサイバーセキュリティ面で今すぐ取るべき行動の柱は、三つある。第一に、防衛省・自衛隊を含めた日本一丸となってのサイバー防御能力の強化である。第二に、有事にはサイバー以外にも火力などを使った攻撃が仕掛けられる事態に備え、サイバー演習と多領域の演習の両方を官民で行う。第三に、日本のサイバーセキュリティの知見を同盟国やパートナー国と共有し、信頼できる協力相手国として認識されるようにし、国際協力を拡大・深化させていくことだ。

まず、日本のサイバー防御能力の向上が不可欠だ。ウクライナ支援国である日本には、既に親ロシア派のハッカー集団から報復のサイバー攻撃が行われている。今後も、ウクライナの継戦能力を奪うために更なる妨害型のサイバー攻撃が実行される恐れもある。

また、台湾有事の際、米軍や自衛隊の対応を妨げるために、米軍と自衛隊が使っている日本の重要インフラへ妨害型のサイバー攻撃が仕掛けられる可能性もあろう。

米下院中国特別委員会のマイク・ギャラガー委員長（共和党、ウィスコンシン州選出）は、台湾侵攻が起きれば、中国が米国内の重要な軍事施設周辺の電力網、水道、通信インフラなどを特に狙ったサイバー攻撃をするのではないかと見る。二〇二三年四月に米ポリティコが報じたこの見解は、同年二月に米情報機関が出した年次脅威評価報告書の分析とも重なる。

米情報機関は、「中国が米国との紛争が差し迫っていると危惧すれば、必ずや米国の重要インフラや世界中の軍事アセットに積極的なサイバー攻撃を仕掛けることを検討するだろう。そうしたサイバー攻撃は、米国の意思決定を阻害し、社会で混乱を引き起こし、米軍派遣を妨害することで、米国の軍事行動を抑止しようとするはずだ」と警戒感をあらわにした。狙われる可能性のある重要インフラとして、石油やガスのパイプライン、鉄道を挙げている。

米下院特別委員会は、同年五月、台湾有事に備えるための十の提言を発表した。軍の機動力と連携させ、特に港湾、航空、鉄道などの米国の重要インフラのサイバーレジリエンスを高めるべきだとしている。

実際、米国議会や情報機関の危惧は当たっていた。同年五月二十四日、米マイクロソフト社は、中国のサイバースパイ集団が、二〇二一年半ばからグアムや米国内の重要インフラに対し、認証情報やネットワークシステム関連情報の窃取を目的としてサイバー攻撃をしていると明らかにしたのだ。狙われたのは、通信、製造業、電気・ガス・水道、運輸、建設、海事、政府、IT・教育など多岐にわたる。マイクロソフトによると、これは将来の危機の際、米国とアジア間の重要な通信を妨害するための能力を得ようとして仕掛けられたサイバー攻撃の可能性がある。

同日、米英豪加ニュージーランド政府も同様の警告を合同で出した。マイクロソフトと事前に発表の内容とタイミングを調整したのだろう。

翌日、米国務省のマシュー・ミラー報道官は、「米情報機関は、中国が米国内の石油・ガスのパイプラインや鉄道システムなどの重要インフラサービスにサイバー攻撃を仕掛け、妨害する能力を有しているものと見ている」として警戒を呼びかけた。

米国で既にこうした被害が出ている以上、日本に対しても類似の攻撃の兆候がないか一層注意し、防御を固めなければならない。言うまでもなく、重要インフラは、軍事だけでなく、国民の生命や経済を守るためにも不可欠だ。だからこそ、平素からの日米のサイバーセキュリティ協力、サイバー攻撃の兆候に関する情報協力が求められる。

ただ有事になってしまえば、ウクライナの事例でも紹介したように、サイバー攻撃だけでなく、ミサイルなど火力による攻撃も組み合わされるだろう。そのため、サイバーセキュリティだけ向上させても、有事には対応できない。台湾の漢光演習から学び、重要インフラ企業と一緒に重要インフラ防御演習を実施していくことも今後は必要であろう。

しかも、ワイパーやランサムウェアを使った妨害型の場合、たとえ死傷者が出なかったとしても、被害がサプライチェーンを伝わって様々な業種にドミノ式に拡大しかねない。経済活動が麻痺すれば、安全保障上の危機に繋がる危険性がある。それは、二〇二一年五月の米コロニアル・パイプライン社へのランサムウェア攻撃事件で実証された。同社が五日間稼働を停止した結果、米国の数千カ所のガソリンスタンドでの燃料不足が発生、アメリカン航空は航路変更を余儀なくされた。

コロニアル・パイプラインの事件は日本にとっても他人事ではない、と気付かされる事件が二〇二三年七月に起きた。年間の総貨物取扱量が日本最大の名古屋港に対し、ランサムウェア攻撃があったのだ。システム障害のため、コンテナの搬出入作業が二日間中断、トヨタ自動車や名古屋のアパレルメーカーなどのサプライチェーンに影響が及んでいる。

だからこそ、二〇二二年十二月の国家安全保障戦略において、重要インフラ等に対するサイバー攻撃への能動的サイバー防御が盛り込まれたのには大きな意味がある。国家安全保障戦略は、「武力攻撃に至らないものの、国、重要インフラ等に対する安全保障上の懸念を生じさせる重大なサイバー攻撃のおそれがある場合、これを未然に排除し、また、このようなサイバー攻撃が発生した場合の被害の拡大を防止するために能動的サイバー防御を導入」と宣言した。

わざわざ「武力攻撃に至らない」サイバー攻撃にも防衛省・自衛隊が対応できるように明記したのは、金銭目的の犯罪者集団による一社を狙ったサイバー犯罪であっても、コロニアル・パイプライン事件のように安全保障危機に発展しかねないからだろう。

サイバー攻撃であっても、被害規模によっては、「武力攻撃」に該当し得るとの見解は、日英米豪など様々な国が示している。ハロルド・コー米国務省顧問（当時）は、二〇一二年九月、個別の判断が必要と前置きしながらも、死傷や大規模な破壊をもたらすサイバー攻撃、例えば原子力発電所のメルトダウン、ダムの決壊、航空機の墜落が該当し得ると講演で説明した。

しかし、武力攻撃に相当すると公に宣言されたサイバー攻撃は今のところない。何人がどれくらいの期間内に死傷すれば「武力攻撃」相当なのか、具体的な基準を公表してしまうと、その基準のぎりぎり下を狙ったサイバー攻撃への対応が難しくなる。よって、世界で最初に何らかの妨害型サイバー攻撃を「武力攻撃」相当と宣言するのは、相当ハードルが高いのではないか。「武力攻撃に至らない」サイバー攻撃であってもと但し書きを国家安全保障戦略に含めたのには、意味がある。

注意すべきは、サイバーセキュリティの責任を担うのは、政府だけではない点だ。日本人一人一人がＩＴを生活で使い、個々の組織がＩＴを業務で使っている以上、全ての人と組織が安全安心にＩＴを使うためのサイバーセキュリティに責任を負う。

ただ、国家安全保障上の脅威になるような大規模なサイバー攻撃の場合、個々人や組織だけの力では如何ともし難い部分もある。だからこそ、防衛省・自衛隊を含め官民一丸となってのサイバー防御能力強化が不可欠だ。重要インフラ企業を招き、有事に重要インフラ企業をどう守るか能力を確認する台湾の漢光演習は、参考になろう。

防衛三文書の求める「能動的サイバー防御」のための演習

「能動的サイバー防御」では、重大なサイバー攻撃の「未然の排除」だけでなく、被害が発生してしまった場合の被害の最小化が求められる。「未然の排除」の詳細は不明であるが、例えば、敵国が妨害型のサイバー攻撃を行うのに使っているITインフラのダウンが考えられるかもしれない。

ただ、第二章で記したように、二〇一五年十二月と二〇一六年十二月のウクライナの停電を引き起こしたロシアのサイバー攻撃は、事前準備に二年近くを費やしている。サイバー攻撃の命令を受けて直ちに攻撃できるものではない。相手国が使っているシステムについて、入札など公開情報も使いながら情報収集し、脆弱な箇所を探すには時間が相当かかる。

サイバー攻撃の未然の排除には、米軍と米国企業がロシアの軍事侵攻前に行った重要インフラ企業ネットワーク内のワイパー捜索のような作業も含まれよう。官民連携を通じて悪質なコンピュータウイルスを捜索し、事前に脅威を排除する。相手国が行ってきたサイバー攻撃情報（例えば、使ったIPアドレスや悪用した脆弱性情報）を官から企業に提供し、ネットワーク内を捜索する。

防衛力整備計画によると、自衛隊のサイバー関連部隊の人数は二〇二七年度までに現在の八百九十人から四千人にまで大幅に増える予定だ。しかし、この人数の中には、防衛省・自衛隊のサイバー機能防御に責任を負う要員も含まれるだろう。サイバー関連部隊が何人に増えようとも、日本の重要インフラ企業へのサイバー攻撃全てに対処するのは不可能だ。

だからこそ、能動的サイバー防御が如何なる場合に発動されるのかのルール作り、重要インフラ企業、防衛省・自衛隊、警察などの各省庁間の役割分担が求められる。さらに、それぞれの組織が対応手順や外部からの期待値を理解し、グレーゾーンから有事にエスカレートしても対応できるかどうか試すためには、定期的な演習も欠かせまい。

内閣サイバーセキュリティセンターは、二〇〇六年度以降、重要インフラの障害対応能力の強化を目指し、毎年一回サイバー演習「分野横断的演習」を関連省庁と重要インフラ企業を招いて実施してきた。二〇二二年十二月のランサムウェア攻撃を想定した演習には、五千五百人が参加している。ところが、防衛省・自衛隊は、重要インフラ担当官庁と見做されていなかったため、従来、この演習には参加していなかった。

合同演習への参加は、単に手順の確認、スキルの向上に留まらず、他業種の人々との関係作りと信頼構築にとっても不可欠だ。米サイバーコマンドですら、最初にウクライナを訪問する際には、二十年以上の信頼関係をウクライナ政府と培ってきたカリフォルニア州兵の人脈に頼ったのである。防衛省・自衛隊の今後の分野横断的演習への参加は、日本全体のサイバーセキュリティ・コミュニティの信頼醸成のためにも肝要だ。

幸い、防衛省・自衛隊には、他省庁や重要インフラ企業との合同サイバー演習の経験が全くない訳ではない。

エストニアの首都、タリンにあるＮＡＴＯサイバー防衛協力センターが毎年四月に主催している年次サイバー演習「ロックド・シールズ」に、日本は二〇二一年から参加している。防衛省や自衛隊だけでなく、総務省や経産省、重要インフラ企業も当初から加わってきた。ＮＴＴグループも二〇二二年から参加している。

毎年三十数カ国が参加しているこの演習は、水道や電力など、複数の重要インフラ企業への大量の妨害型サイバー攻撃やソーシャルメディアで拡散した偽情報への対処能力を競い合うものだ。技術的な防衛能力だけでなく、法律や外交の知見も求められる。

こうした国際安全保障の観点からのサイバー演習に、日本チームが官民一丸となって参加しているのは、国民として心強い。だが、重要インフラ企業の数を考えれば、年に一回の演習だけでは到底足りない。だからこそ、ロックド・シールズや分野横断的演習の拡大が必須だ。日本国内の関係者だけでなく、同盟国・パートナー国との連携も試さなければならない。

また、有事にはサイバーだけでなく、電子戦や火力による攻撃など複数の領域への攻撃が行われる。そうした事態への対処能力向上を目指す演習も日米間で既に始まった。例えば、「キーン・ソード」日米共同統合演習は、各種事態における実効的な抑止、及び対処の能力の強化を目指すものであるが、二〇二〇年十～十一月の「キーン・ソード21」では、日米共同の着上陸訓練の他、宇宙状況監視、サイバー攻撃や電子戦への対処も訓練している。二〇二二年十一月の「キーン・ソード23」でも、陸海空、宇宙、サイバー、電磁波など領域横断作戦を扱ったという。

さらに、自衛隊と米軍が毎年実施している日米共同方面隊指揮所演習「YS」でも、二〇二二年十一～十二月の「YS-83」では、宇宙、サイバー、電磁波の領域が加えられた。

今後は、米国だけでなく、オーストラリアや英国、台湾とも情報共有と演習が必要だ。

特に、オーストラリアは二〇二二年十月に安全保障協力共同宣言を、英国とは二〇二三年一月に部隊間協力円滑化協定を結び、準同盟国になっている。有事の際の連絡手段、情報共有、物資の輸送のいずれをとっても、サイバーセキュリティが確保できなければ無理である。

台湾と正式な国交がない国が多い中、台湾とのサイバーセキュリティ協力はハードルが高いだろう。それでも、米国政府の二〇二三年の矢継ぎ早の行動からも分かるように、台湾有事の危険性が上昇したことを受け、世界は変わりつつある。

例えば、中国を刺激しないため、イスラエル外務省は外交官たちに対し、公式のイベントに台湾の外交官を招くことや台湾のイベントに参加することを避けるよう繰り返し求めてきた。ところが、二〇二三年六月にテルアビブで開かれた大手年次国際サイバーセキュリティ会議「サイバーウィーク」では、オードリー・タン台湾デジタル大臣がなんと基調講演し、前年のペロシ米下院議長訪台時のサイバー攻撃に台湾の官民がどう立ち向かったかについて語っている。

この会議の主催者は、イスラエル国家サイバー局、外務省とテルアビブ大学であり、主要国の長官や大臣が基調講演者として招かれる。今年は、百カ国から一万一千人以上が対面参加した。この規模の国際会議において現役の台湾の政治家が対面で講演するのは極めて異例である。おそらくこの会議の場を活用し、各国から参加していた政府高官たちもタン大臣一行と対談していたはずだ。

しかも、同年、日本でも台湾との協力に一歩踏み込んでいる。元幹部自衛官らの作った民間シンクタンク「日本戦略研究フォーラム」が、七月に三回目となる年次台湾有事シミュレーションを主催した。小野寺五典元防衛相など国会議員十人、元幹部自衛官や島田和久・元防衛次官などの元日本政府高官、元米国政府関係者らだけでなく、今回初めて、台湾のシンクタンク関係者も参加している。

参加者たちは、二〇二七年に台湾と尖閣で有事が発生したとの想定で、日米台の対応をシミュレーションした。尖閣有事の前哨戦として、国内や台湾で電力インフラへの大規模サイバー攻撃が行われるとのシナリオも試し、能動的サイバー防御の実施についても協議された。昨今の情勢に基づいたハイブリッド戦のシナリオを用いて、各国の対応と協力の仕方について日米台の有識者が意見交換できたのは僥倖であった。今後の継続が期待される。

情報発信で国際社会での日本の立場を強化

上述した地道なサイバーセキュリティ強化努力に加えて、日本の持つ知見や取り組みについての海外への説明・発信も大切である。

サイバー攻撃が国境を越えて仕掛けられ、その被害が業種や国境を跨いで広がる可能性がある以上、国際的な官民連携、情報共有が必須となる。だが、協力するに値する相手国と思われない限り、サイバー攻撃の手口や攻撃者など機微な脅威インテリジェンスの提供は期待できまい。国際的なインテリジェンス協力では、ギブ・アンド・テイクが基本である。見返りとなる重要な情報を提供できない格下の国に対し、苦労して取ってきた貴重な情報を渡すことはない。

ウクライナのビクトル・ゾラ副局長が戦火の中、砲撃を掻い潜ってでも海外メディアや国際会議への登壇を必死で続けているのは、支援を一方的に求めるだけでは無理があることを百も承知しているからだろう。有事になってから慌てて情報発信しようとしても難しい。平素から日本の取り組みと強みを相手国にしっかり伝えることが求められる。それが日本の仲間を世界で増やし、日本の知見を高め、抑止力に繋がっていくだろう。

筆者が日本の発信力について危機感を抱いた事件が最近二回あった。まず、実際の統計値や事例を知らずに、日本のサイバーセキュリティ能力を低く見積もる人が多い。筆者はたまたま岸田首相・バイデン大統領の日米首脳会談が行われた二〇二三年一月中旬の週にワシントンD.C.を訪れていた。防衛三文書が高い評価を受け、日米協力強化の気運を肌身で感じられたのは嬉しかったが、気になったのは、「日米関係の最大のネックは、日本のサイバーセキュリティだ」と複数の方から言われたことだった。

筆者はその都度、以下のように述べて、即座に反論した。

米セキュリティ企業「プルーフポイント」の二〇二一年の調査では、日米英豪仏独西の七カ国のランサムウェア感染被害と身代金の支払い率を調べたところ、日本はダントツで低い。しかも、コロニアル・パイプライン事件など大きな被害は、日本ではなく、米国で頻繁に起きている。

さらに、ロシアによるウクライナへの軍事侵攻後、世界で最初に多国間の軍人向けのサイバー防護競技会を主催したのは、陸上自衛隊である。二〇二二年三月一日の競技会には、米国、フランス、オーストラリア、フィリピン、インドネシア、ベトナムも加わった。

無論、この競技会は数カ月前から計画されていたものであり、ウクライナ情勢に合わせて行われたものではない。たまたま、軍事侵攻の一週間後に競技会の開催日が重なったのだろう。

それでも、ウクライナ軍事侵攻直後の情報が錯綜する中、対応に奔走していたはずの自衛隊が競技会を予定どおり開催したのには大きな意義がある。多国間で知見を共有し、今後の協力関係について再確認する信頼の場を他のどの国でもなく、日本の自衛隊が取り仕切ったことで、参加国から尊敬を集めたはずだ。尚、ドイツは参加を当初予定していたものの、急遽見送っている。

こう述べると、少なくともその事実については、納得してもらえたようだった。だが、悲しいかな、これらの統計値や事実は日本でも知られていない。海外では尚更である。日本のサイバーセキュリティ能力に疑念を持つ人が多数派である限り、日本は対等なパートナーにはなれない。

また、日本を含む民主主義国家の価値観や懸念を必ずしも共有しない国も多い。筆者は、二〇二三年三月にインド・ニューデリーでロシアのセルゲイ・ラブロフ外相の講演を聞く機会があった。インド外務省とインドの大手シンクタンク「オブザーバー・リサーチ財団」が主催した年次国際地政学会議「ライシーナ対話」に登壇したラブロフ外相は、ウクライナや米国がロシアを攻撃していると非難、米国のイラクやアフガニスタンでの行動を糾弾した。

この会議には、百カ国から二千人近くが参加していた。戦慄したのは、ラブロフ外相の発言の度に抗議の唸り声を上げ、たまらず退席する西側諸国系の参加者たちがいる一方で、拍手喝采を送る人々も多かったことだ。だいたい同じ方向からいつも拍手が聞こえてきたので、「仕込み」だった可能性もある。ただラブロフ外相の発言に心から賛同し、欧米を非難したい人々も相当数いたようだ。

スウェーデンの独立研究機関「V-Dem」の二〇一九年の調査で、世界の非民主主義国家の数が九十二カ国に達したのに対し、民主主義国・地域が八十七カ国となり、十八年ぶりに非民主主義国が多数派になったことが判明している。日本の立場や知見は言わなくても海外で理解してもらえていると、決して思い込んではならない。

日本は幸いにも、サイバーセキュリティ上も、重要インフラ防御上も大切な要素を網羅した防衛三文書を作ることができた。これから一層大切なのは、どれだけのスピードで重要インフラの防御力強化、クラウド活用を含めたデータのバックアップと業務継続性の確保、そのための人材を増強していけるかだ。加えて、ウクライナの人々のように、日本の取り組みと知見、世界への貢献の意志を如何に力強く発信し続けられるかも、海外の官民の味方を増やす上で鍵を握る。

また、有事になれば、サイバー攻撃を含め、戦況を正確に把握し、次の一手を決断するためのインテリジェンスが一層重要になる。しかし、処理されていない、バラバラのフォーマットの生データを日本政府や重要インフラ企業が受け取っても、フォーマットをまとめて、分析する余力は戦時にはないだろう。だからこそ、今から国内外の組織とインテリジェンスの共有の仕方についての調整が必要である。

私たち日本人にウクライナの人々のような強い覚悟とセキュリティ強化への執念はあるのか？　日本のサイバーセキュリティと重要インフラ防御はこれからが正念場だ。誰もがＩＴを使う今、全員がサイバーセキュリティの責任を担い、貢献できるチャンスを持っている。私たちの日々の生活、経済活動、重要インフラ、安全を守るために、サイバー攻撃という目に見えない敵に対し、共に戦っていこうではないか。

謝辞

本書の執筆にあたり、新井悠様、荒巻優三様、池田敬様、岩田清文様、上野晋一郎様、宇野誠様、木村正人様、佐々木弘志様、廣惠次郎様、真鍋太郎様、山口勇様、横浜信一様、吉川徹志様からご助言を含め、多大なご支援を賜った。心より感謝申し上げます。また、知的好奇心を持ち、粘り強く、野心的且つ楽観的に研究と執筆を続けること、何より大局観の大切さを教えて下さった恩師の藤原正彦先生に改めて深謝申し上げます。

諸般の事情によりお名前を挙げられないが、日本と世界のサイバーセキュリティ事情について率直な意見交換をして下さった数多くの専門家の方々、重要インフラ企業など産業界の方々にもここに御礼申し上げたい。国内外の出張を通じ、最新情報に触れ、専門家と直接意見交換する機会を作ってくれているＮＴＴの上司と同僚たちにも心から感謝しております。

加えて、ウクライナのサイバーセキュリティ関係者、重要インフラ関係者たちの勇気と地道な努力に改めて心底敬意を表したい。シンガポールの国際会議でビクトル・ゾラ氏の気骨溢れる言葉を直接耳にして感動し、背筋の伸びる思いをしたからこそ、ウクライナのサイバーセキュリティから得られる教訓を日本の国民向けに書きたいと思うようになったのだから。

また、ウクライナ関連の記事を寄稿していた雑誌・新聞の担当の皆様より、該当記事の参照をお許し頂いた。厚く感謝申し上げます。「フォーサイト」の西村博一様、神山智恵子様、産経新聞「正論」欄の沢辺隆雄様、月刊『正論』の有元隆志様、田北真樹子様、日頃からの御助言とお励まし、誠にありがとうございます。

前作『サイバーセキュリティ——組織を脅威から守る戦略・人材・インテリジェンス』と同様、執筆に辛抱強く伴走し、膨大な資料の海を前に途方に暮れている筆者へ書き方についてのヒントを惜しみなく与え続けて下さった新潮社の横手大輔様には感謝の言葉もありません。

いつもあたたかく見守り、支えてくれる家族にも礼を言います。

尚、参照した文献と資料は日英を含め複数言語、数百件に上る。そのため、文末に参考文献一覧を付けるのではなく、文中に参照元を明記することとした。
また、本書に示された見解は筆者個人のものであり、過去及び現在の雇用主の意見を代表するものではないことを付記します。

二〇二三年七月

松原実穂子

松原実穂子　NTTチーフ・サイバーセキュリティ・ストラテジスト。早稲田大学卒業後、防衛省に勤務。米ジョンズ・ホプキンス大学高等国際問題研究大学院修了（フルブライト奨学生）。

Ⓢ新潮新書

1007

ウクライナのサイバー戦争（せんそう）

著者　松原実穂子（まつばらみほこ）

2023年8月20日　発行
2023年12月15日　2刷

発行者　佐藤隆信

発行所　株式会社 新潮社

〒162-8711　東京都新宿区矢来町71番地
編集部 (03)3266-5430　読者係 (03)3266-5111
https://www.shinchosha.co.jp
装幀　新潮社装幀室
組版　新潮社デジタル編集支援室

地図製作　クラップス

印刷所　株式会社光邦

製本所　加藤製本株式会社

ISBN978-4-10-611007-8 C0231

価格はカバーに表示してあります。